虚拟现实应用开发

主　编　邹倩颖

副主编　刘俸宇　魏华聪

参　编　黎润霖　罗　静　郑艳梅

北京理工大学出版社
BEIJING INSTITUTE OF TECHNOLOGY PRESS

内 容 简 介

本书旨在为读者提供一份全面的指南，介绍如何基于 Unity 3D 和 XDreamer 平台开发虚拟现实应用。本书包括 7 个项目，采用基于项目的学习方法，将理论知识与实际应用相结合。本书内容包括 Unity 3D 基础功能介绍、室内场景漫游交互、游戏闯关设计的高级概念，以及复杂的引擎拆卸展示等。无论是虚拟现实的初学者，还是有一定经验的开发者，都能在本书中找到有价值的信息。为了帮助读者更直观地掌握本书的内容，本书每个项目的实操部分都提供了配套的学习视频，以二维码形式展示，方便读者快速访问和学习。

图书在版编目（CIP）数据

虚拟现实应用开发 / 邹倩颖主编. --北京：北京
理工大学出版社，2024. 11.
ISBN 978-7-5763-4554-4

Ⅰ. TP391. 98

中国国家版本馆 CIP 数据核字第 2024QC0546 号

责任编辑：张荣君　　**文案编辑**：李　硕
责任校对：刘亚男　　**责任印制**：李志强

出版发行 / 北京理工大学出版社有限责任公司
社　　址 / 北京市丰台区四合庄路 6 号
邮　　编 / 100070
电　　话 / (010) 68914026（教材售后服务热线）
　　　　　　(010) 63726648（课件资源服务热线）
网　　址 / http://www.bitpress.com.cn

版印次 / 2024 年 11 月第 1 版第 1 次印刷
印　　刷 / 河北盛世彩捷印刷有限公司
开　　本 / 787 mm×1092 mm　1/16
印　　张 / 13
字　　数 / 305 千字
定　　价 / 89.00 元

前言

随着科学技术和社会生产力的不断发展，虚拟现实技术已逐渐获得全球关注，并在多个领域（包括娱乐游戏、科研教育、军事航空、医疗健康、城市规划、工业生产、能源仿真、应急推演，以及影音媒体等）得到了广泛应用。这种跨学科的技术综合了计算机科学、电子信息和仿真技术，旨在通过计算机模拟创建一个令用户沉浸其中的虚拟环境。

本书包括 7 个项目，旨在为读者提供一份全面的虚拟现实应用开发指南。为实现这一目标，本书采用基于项目的学习（Project-Based Learning，PBL）方法，将理论知识与实际应用相结合。本书的所有项目都是基于 Unity 3D 和 XDreamer 平台开发的。

1. 初级教程：项目一、项目二

项目一从基础出发，引导读者了解 Unity 3D 基础功能，包括软件安装、界面概览，以及如何创建第一个 Unity 3D 基础项目。项目二进一步深入，聚焦室内场景漫游交互，解释如何通过 2D 和 3D 用户界面（User Interface，UI）及各类交互触发器来构建沉浸式体验。

2. 中级教程：项目三、项目四、项目五

项目三、项目四、项目五集中讨论游戏闯关设计的高级概念。这些项目从基础的交互功能，例如抓取和物体匹配，逐渐过渡到更复杂的任务设计，例如锅炉操作和射击游戏，以实际案例来演示 XDreamer 平台的高级功能。

3. 高级教程：项目六、项目七

项目六、项目七探讨如何实现复杂的引擎拆卸展示，包括前期的策划和模型准备，以及如何利用 XDreamer 平台进行状态机交互和 UI 设计。

总体而言，本书旨在通过项目和案例，全面而系统地引导读者掌握虚拟现实应用开发的各个层面。无论是虚拟现实的初学者，还是具有一定经验的开发者，都能在本书中找到有价值的信息。

为了使读者能更直观地掌握本书的内容，我们在每个项目的实操部分都提供了配套的学习视频。这些视频以二维码的形式展示，方便读者快速访问和学习。

编　者

2024 年 10 月

目录

项目七　引擎拆卸二／173

参考文献／200

项目一

创建第一个 Unity 3D 基础项目

项目简介

虚拟现实（Virtual Reality，VR）技术是 21 世纪以来我国推动的一项重要的前沿技术，它是计算机、电子信息和仿真技术的有机结合。通过计算机对虚拟环境的模拟，VR 技术能够为人类创造出身临其境的全新体验。这项技术已经广泛应用于娱乐游戏、科学研究、军事航空、医疗保健、城市规划、工业生产和能源仿真等众多领域，为促进经济社会发展、提升国家综合实力和推进现代化建设做出了巨大的贡献。

虚拟现实的基本概念

在 VR 技术的发展过程中，Unity 3D 作为一款功能强大、操作简单、跨平台的应用软件，已经成为 VR 开发的主要力量。为了推进 VR 技术的发展，我国将建立一系列基础项目。通过学习和掌握 Unity 3D 的基本界面布局和创建流程，读者可以进一步提升对 VR 技术的研发能力和应用水平，推动我国 VR 产业向世界领先水平迈进。

知识图谱

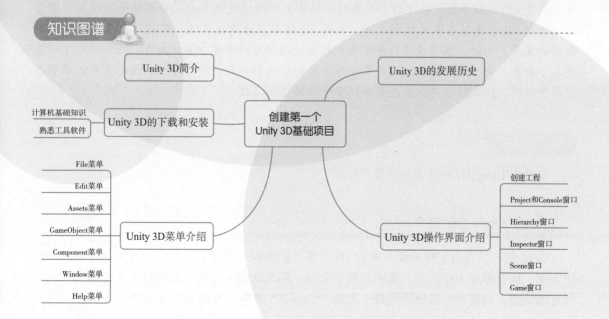

学习要求

VR 技术是人类智慧的一次奇妙尝试，它借助计算机模拟真实环境，让人们沉浸在虚拟世界之中，穿越时空的限制，探索未知的领域。这项技术的应用前景广阔，涉及游戏、教育、医疗、工业等多个领域，推动人类社会向更加先进、智能的未来发展。

为了深入探究 VR 技术的奥秘，本项目将运用 Unity 3D 来创造一些简单的 VR 项目，以帮助学生掌握其基础知识和开发方法。Unity 3D 是一款功能强大的游戏引擎，具有易于使用、跨平台等特点，在 VR 开发中扮演着重要角色。通过学习 Unity 3D 的基本界面布局和操作流程，以及通过实践来熟悉 VR 开发的核心概念和技巧，我们将能够更好地理解 VR 技术所蕴含的哲学思想和人类智慧的精髓。只有不断探索、实践、创新，才能走进更加广阔、深邃的虚拟世界，也才能不断开拓人类的智慧之路。

学习目标

- 了解 Unity 3D 的发展历史
- 掌握下载和安装 Unity 3D 的方法
- 掌握创建 Unity 3D 工程的方法
- 熟悉 Unity 3D 的操作界面

素养提升

本项目旨在培养学生对 VR 技术的基本认识和应用能力，以及对 VR 技术的社会价值和发展趋势的思考和判断能力。通过学习 VR 技术的概念、原理、分类、应用领域等知识，学生可以了解 VR 技术对于地方经济发展的积极意义。通过使用 Unity 3D 创建基础项目，学生可以掌握 VR 开发的基本流程和方法，提高 VR 技术在地方经济领域的应用水平，促进地方经济的发展。同时，本项目将引导学生从思想政治教育的角度，来分析 VR 技术对地方经济发展、社会文化、道德伦理、国家安全等方面的影响和作用，培养学生对 VR 技术的正确态度和价值观，以及对自身职业发展和社会责任的清晰定位。

实训设备

安装有 Unity 3D 的计算机一台。

1.1　Unity 3D 简介

Unity 是一款具有三维画面水准的 3D 引擎，在虚拟现实开发的各个方面都具有一流的解决方案。该引擎分为免费个人版和收费专业版，在 5.0 版本以后更是对免费个人版也开放了所有的功能，初学者可以使用免费个人版。Unity 3D 各版本界面如图 1-1 所示。

图 1-1　Unity 3D 各版本界面

1.2　Unity 3D 的发展历史

Unity 3D 于 2004 年在丹麦的哥本哈根诞生，由 3 位热爱游戏开发的年轻人共同创作。他们最开始是为了开发出一款简单易用、与众不同且费用低廉的 3D 游戏引擎，帮助同样热衷于游戏创作的年轻人。2005 年 6 月，Unity 1.0 版本发布了。

Unity 1.0 版本最开始还只能应用于 Mac 平台，主要用于 Web 项目和 VR 开发。2008 年，他们又推出了适用于 Windows 平台的版本，并开始支持 iOS 和 Wii，Unity 逐渐从众多的游戏引擎中脱颖而出。

2010 年，Unity 开始支持 Android 平台，从而继续扩大其影响力。2011 年，Unity 开始支持 PS3 和 Xbox 360，至此，Unity 实现了全平台构造。

截至本书完稿时，Unity 3D 已经更新到了 2022.1.23 版本，如图 1-2 所示。

图 1-2　Unity 3D 的 2022.1.23 版本

1.3　Unity 3D 的下载和安装

Unity 3D 针对 Mac 和 Windows 平台有不同的版本，本书以 Windows 平台为例进行讲解。Unity 3D 是向下兼容的，即用旧版本开发的项目在新版本中可以继续使用。

Unity 3D 的下载和安装

安装 Unity 3D 分为两个步骤：首先下载和安装 Unity Hub，然后利用 Unity Hub 安装 Unity 3D 最新版本。

要下载和安装 Unity Hub 可以直接进入 Unity 3D 官网，如图 1-3 所示。

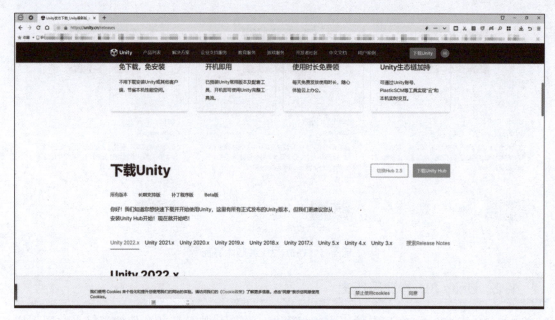

图 1-3　Unity 3D 官网

下载完 Unity Hub 后，选择需要的 Unity Hub 版本进行安装，具体安装步骤这里不再详细说明。Unity Hub 安装好后的操作界面如图 1-4 所示。

图 1-4　Unity Hub 安装好后的操作界面

单击"安装编辑器"按钮，就会弹出所需要安装的 Unity 编辑器版本型号，按需求安装即可，如图 1-5 所示。

图 1-5　安装需要的 Unity 编辑器版本型号

安装好的 Unity Hub 界面如图 1-6 所示，有些版本可能会提示更新。

图 1-6　安装好的 Unity Hub 界面

1.4　Unity 3D 操作界面介绍

　　Unity 3D 具有高度自由的可视化编程界面，可以让开发者更加方便、快捷、高效地管理场景和进行开发。

简单场景建立 1

1.4.1 创建工程

Unity 3D 安装成功以后，就可以使用 Unity Hub 对应的版本来新建项目。打开 Unity Hub，单击左侧的"项目"按钮，在右侧的"项目"界面中单击右上角的"新项目"按钮，如图 1-7 所示，弹出一个对话框，这里选择 3D 模板，并设置项目名称和项目路径，然后单击"创建项目"按钮，如图 1-8 所示。

图 1-7 单击"新项目"按钮

图 1-8 单击"创建项目"按钮

执行上述操作之后，即可创建一个项目，系统会跳转到项目主界面，如图 1-9 所示。

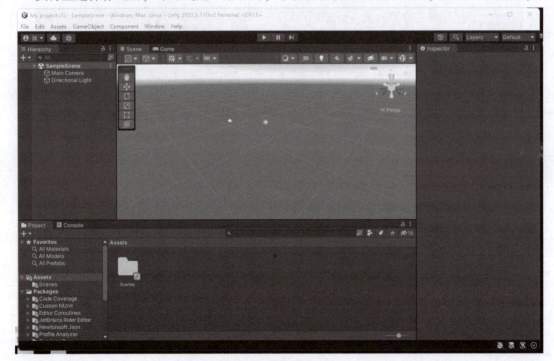

图 1-9 项目主界面

1.4.2 Project 和 Console 窗口

Project 和 Console 窗口在项目主界面下方，如图 1-10 所示。

图 1-10　Project 和 Console 窗口

Project 窗口中显示了项目所需的所有资源，常用的资源有游戏脚本、预制体、材质、模型、纹理贴图、动画等。注意，所有的资源都放在 Assets 文件夹下，包括制作场景的所有三维模型、贴图、音频文件及脚本等资源。我们可以在 Project 窗口中新建、导入/导出、管理这些资源。

在 Project 窗口中的 Assets 文件夹处右击，将弹出快捷菜单，如图 1-11 所示。快捷菜单中除包含基本的 Create（创建）、Open（打开）、Delete（删除）等命令外，还包括以下常用命令。

图 1-11　快捷菜单

（1）Open Scene Additive：用于载入场景。

（2）Import New Asset：用于导入新的资源。

（3）Import Package/Export Package：用于导入/导出资源包。

（4）Find References In Scene：用于在场景中执行查找引用操作。

（5）Select Dependencies：用于选择依赖项。

（6）Refresh：用于导入资源包之后进行刷新。

（7）Reimport：用于重新导入。

（8）Reimport All：用于全部重新导入。

（9）Update UXML Schema：用于更新 UI 架构。

（10）Open C# Project：用于打开 C#项目。

Console 窗口中提供了输出显示的相关命令，如图 1-12 所示，这些命令用于输出程序上的错误和警告，以及在脚本中打印的字符等。

图 1-12　输出显示的相关命令

（1）Clear：用于清空所有输出信息。

（2）Collapse：用于将相同的输出信息折叠。

（3）Error Pause：遇到第一个错误时程序立即停止。

（4）Editor：用于打开编辑菜单。

1.4.3 Hierarchy 窗口

Hierarchy 窗口在项目主界面的左上方，如图 1-13 所示。它显示了当前场景中所有的游戏对象。当新建场景时，Hierarchy 窗口中会自动添加两个游戏对象，Main Camera（主相机）和 Directional Light（平行灯光）。当我们在场景中添加或删除游戏对象时，层级版本中也会相应地添加或删除游戏对象。

Unity 3D 中使用父对象的概念，要让一个游戏对象成为另一个游戏对象的子对象，只需在层级面板中将它拖到另一个游戏对象上即可。子对象将继承其父对象的移动、旋转和缩放属性，在层级面板中展开父对象来查看子对象，不会对游戏中的对象产生影响。

单击 Hierarchy 窗口左上角的"+"按钮，可以通过展开的命令在场景中创建游戏对象，如图 1-14 所示，常用命令如下。

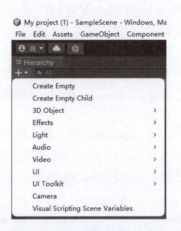

图 1-13　Hierarchy 窗口　　　图 1-14　创建游戏对象的命令

（1）Create Empty：用于创建空的游戏对象。

（2）Create Empty Child：用于创建空的子游戏对象。

（3）3D Object：用于创建 3D 游戏对象，包括正方体、球体等。

（4）Effects：用于创建特效游戏对象，包括粒子系统。

（5）Light：用于创建灯光游戏对象。

（6）Audio：用于创建声音游戏对象。

（7）Video：用于创建视频播放的游戏对象。

（8）UI：用于创建 UI 游戏对象，包括图片和按钮等。

（9）Camera：用于创建相机游戏对象。

除此之外，也可以从 Project 窗口处将其他的"模型对象"或"预制体"直接拖曳到 Hierarchy 窗口处进行创作。

1.4.4 Inspector 窗口

Inspector 窗口在项目主界面右侧，当单击场景中的某一个游戏对象时，在 Inspector 窗口中就可以看到它的全部组件，如图 1-15 所示，这些组件的作用将在后续的项目中详细介绍。

图1-15　Inspector窗口

1.4.5　Scene窗口

Scene窗口的作用是对场景中的游戏对象进行可视化操作。在Scene窗口中，我们可以通过工具或快捷键对游戏对象进行移动、旋转、缩放等操作。

Scene和Game窗口

单击Hierarchy窗口左上角的"+"按钮，在展开的命令中选择相应命令，可以创建立方体，如图1-16和图1-17所示。

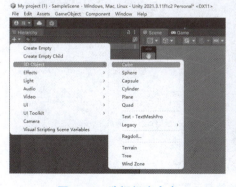

图1-16　选择相应命令

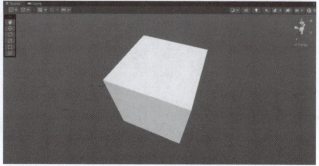

图1-17　创建立方体

在Hierarchy窗口或Scene窗口中单击游戏对象将其选中，然后在Scene窗口中的任意空白位置处右击，再按〈F〉键，可以快速在Scene窗口中确定游戏对象的位置。

选中相机，然后在 Scene 窗口中按〈Ctrl+Shift+F〉组合键，可以将相机照射到的视角修改为 Scene 窗口中观察相机的视角。

Scene 窗口的左上角有一组用于对象操作的工具，依次为手柄工具、移动工具、旋转工具、缩放工具、Rect 工具和综合工具，如图 1-18 所示。

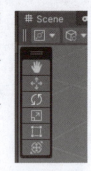

图 1-18　对象操作工具

（1）手柄工具 ▨：单击手柄工具或按快捷键〈Q〉，可以使用该工具来控制观察相机的视角。

选择手柄工具后按住鼠标左键并拖动，可以拖曳观察相机。

选择手柄工具后按住鼠标右键并拖动，可以改变拖曳相机的观察方向。

选择手柄工具后按住〈Alt〉键和鼠标左键并拖动，可以改变拖曳相机对某一对象的观察角度。

选择手柄工具后按住〈Alt〉键和鼠标右键并拖动，可以改变拖曳相机的远近距离。

也可以按住鼠标右键和快捷键来对观察相机进行移动：

按住鼠标右键的同时按住〈W〉键，可以使观察相机向前移动；

按住鼠标右键的同时按住〈S〉键，可以使观察相机向后移动；

按住鼠标右键的同时按住〈A〉键，可以使观察相机向左移动；

按住鼠标右键的同时按住〈D〉键，可以使观察相机向右移动；

按住鼠标右键的同时按住〈Q〉键，可以使观察相机向上移动；

按住鼠标右键的同时按住〈E〉键，可以使观察相机向下移动。

（2）移动工具 ✛：单击移动工具或按快捷键〈W〉，可使用该工具来移动被选中的对象。

选择移动工具后，被选中的对象的中心位置会显示 3 个箭头，分别对应 x、y、z 这 3 条坐标轴，如图 1-19 所示。我们可以单击其中一个箭头后拖动鼠标，被选中的对象就会沿着此坐标轴进行移动。

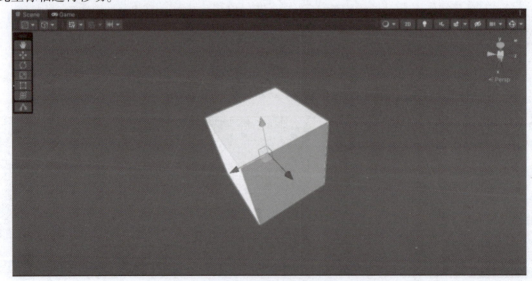

图 1-19　被选中的对象的中心位置显示箭头

（3）旋转工具 ↻：单击旋转工具或按快捷键〈E〉，可使用该工具来旋转被选中的对象。

选择旋转工具后，被选中的对象的中心位置会显示 3 个线圈，分别对应 x、y、z 这 3 条坐标轴，如图 1-20 所示。我们可以单击其中一个线圈后拖动鼠标，被选中的对象就会沿着此坐标轴进行旋转。

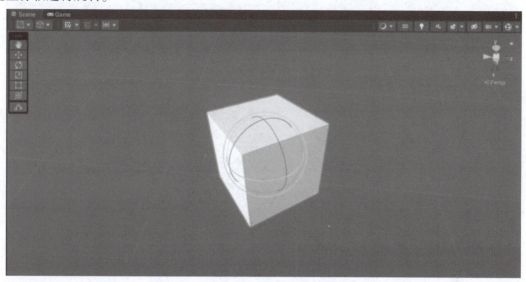

图 1-20　被选中的对象的中心位置显示线圈

（4）缩放工具 ：单击旋转工具或按快捷键〈R〉，可使用该工具来缩放被选中的对象。

选择旋转工具后，被选中的对象的中心位置会显示 3 个方点，分别对应 x、y、z 这 3 条坐标轴，如图 1-21 所示。我们可以单击其中一个方点后拖动鼠标，被选中的对象就会沿着此坐标轴进行缩放。

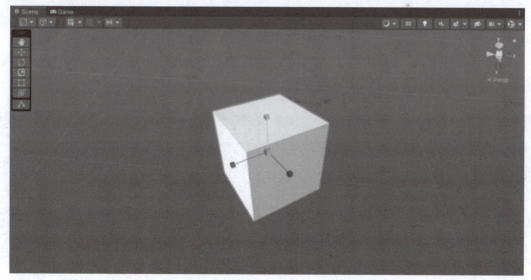

图 1-21　被选中的对象的中心位置显示方点

（5）Rect 工具 ：单击 Rect 工具或按快捷键〈T〉，可使用该工具来移动和缩放 UI 对象。

（6）综合工具 ：单击综合工具或按快捷键〈Y〉，可使用该工具来移动、旋转、缩放被选中的对象，如图1-22所示。

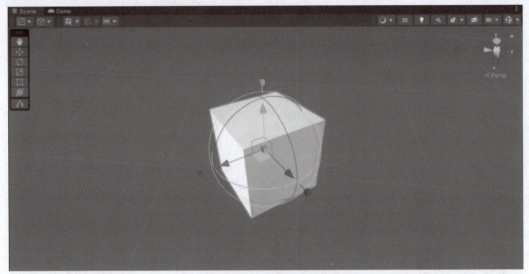

图1-22　综合工具的使用

在Scene窗口的左上角还包含了另外3组用于对对象进行操作的辅助工具，如图1-23所示。

图1-23　3组辅助工具

（7）位置：包括以下两个命令。

①Center：用于将辅助图标定位在中心位置（根据所选游戏对象），如图1-24所示。

②Pivot：用于将辅助图标定位在游戏对象的实际轴心点（由变换组件进行定义），如图1-25所示。

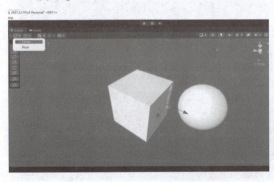
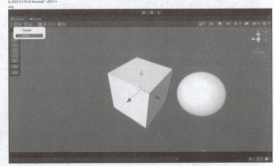

图1-24　Center命令的效果　　　　　图1-25　Pivot命令的效果

（8）旋转：包括以下两个命令。

①Global：用于将辅助图标固定在世界空间方向，如图1-26所示。

②Local：用于保持辅助图标相对于游戏对象的旋转。

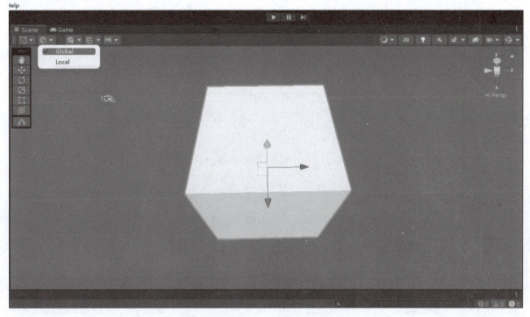

图 1-26 Global 命令的效果

（9）网格对齐：Unity 3D 在编辑器的场景视图窗口中提供了一个可视网格，通过将游戏对象捕捉（移动）到最近的网格位置，可以帮助精确对齐游戏对象。

沿 x、y、z 轴的网格对齐的同一视图分别如图 1-27、图 1-28、图 1-29 所示。

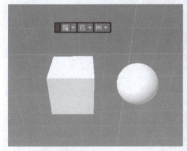

图 1-27 沿 x 轴对齐

图 1-28 沿 y 轴对齐　　　图 1-29 沿 z 轴对齐

网格对齐包括以下 3 种。

① ⊞▾ Grid visibility：对齐（推动）到网格。

② ⊞▾ Grid snapping：激活自动贴靠。

③ ⊞▾ Snap increment：增量式移动、旋转和缩放。

用户可以通过以下两种方式沿 x、y、z 轴将游戏对象与网格对齐。

①将所选游戏对象与最接近的网格点对齐。

②在移动、旋转或缩放游戏对象时开启网格对齐。

用户还可以用 Scene 窗口右上角的 ⊞ 工具来调节观察相机的视角，该工具由 6 个圆锥体和一个正方体组成。

单击红色圆锥体，将相机角度设置为由 x 轴正方向朝着 x 轴负方向进行观察；单击相对的灰色按钮，则是由 x 轴负方向朝着 x 轴正方向进行观察。

单击绿色圆锥体，将相机角度设置为由 y 轴正方向朝着 y 轴负方向进行观察；单击相对的灰色按钮，则是由 y 轴负方向朝着 y 轴正方向进行观察。

单击蓝色圆锥体，将相机角度设置为由 z 轴正方向朝着 z 轴负方向进行观察；单击相对的灰色按钮，则是由 z 轴负方向朝着 z 轴正方向进行观察。

单击中心处的立方体，可以切换观察相机的模式。观察相机的常用模式有两种：第一种为透视（Prespective）模式，如图 1-30 所示；第二种为正交（Orthographic）模式，如图 1-31 所示。

单击右上角的"锁"按钮，可以锁定观察相机的角度，如图 1-32 所示。

图 1-30　透视模式

图 1-31　正交模式

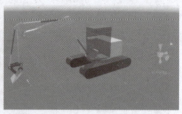
图 1-32　锁定观察相机的角度

Scene 窗口的左上角有一排用于显示调节的按钮，从左到右依次是绘制模式按钮、2D 按钮、灯光按钮、声音按钮、特效按钮、隐藏按钮、相机按钮、Gizmos 菜单按钮，如图 1-33 所示。

图 1-33　调节按钮

①绘制模式按钮 ：在下拉列表框中可以选择渲染模式，如图 1-34 所示，相关选项及功能如表 1-1 所示。

②2D 按钮 ：可以将视图切换为 2D 模式，在 UI 制作时需要此模式。

③灯光按钮 ：可以切换是否启用场景中的灯光。

④声音按钮 ：可以切换是否启用场景中的声音。

⑤特效按钮 ：可以切换是否启用场景中的特效，如天空盒子、粒子等。

⑥隐藏按钮 ：可以切换是否启用场景中的隐藏功能。

⑦相机按钮 ：可以调整相机的参数。

⑧Gizmos 菜单按钮 ：包含用于显示对象、图标

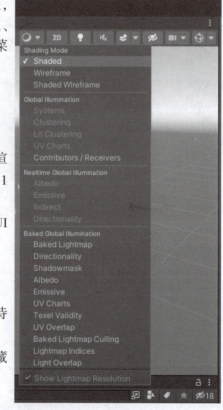
图 1-34　选择渲染模式

和小控件的选项。此菜单在"场景"视图和"游戏"视图中都可用。

表 1-1　渲染模式的选项及功能

渲染模式		功能
Shading Mode	Shaded	显示表面时使纹理可见
	Wireframe	使用线框表示形式绘制网格
	Shaded Wireframe	显示网格纹理并叠加线框
Global Illumination		可使用此模式来可视化全局光照系统的各个方面，此模式包括以下几个选项：Systems、Clustering、Lit Clustering、UV Charts、Contributors/Receivers
Realtime Global Illumination		可使用此模式来实现 Enlighten 实时全球照明系统的可视化，此模式包括以下几个选项：Albedo、Emissive、Indirect、Directionality
Baked Global Illumination		可使用此模式来可视化烘焙全局光照系统的各个方面，此模式包括以下几个选项：Baked LightMap、Directionality、Shadowmask、Albedo、Emissive、UV Charts、Texel Validity、UV Overlap、Baked Lightmap Culling、Lightmap Indices、Light Overlap

1.4.6　Game 窗口

单击 Unity 3D 程序视图界面左上角 Scene 按钮旁边的 Game 按钮，或者按〈Ctrl+2〉组合键，可以打开 Game 窗口。

Game 窗口中显示程序运行时的图像，我们可以通过单击项目主界面上方的按钮来控制程序的运行、暂停、逐帧播放，如图 1-35 所示。

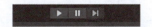

图 1-35　运行、暂停、逐帧播放按钮

Game 窗口中显示的是相机所照射到的场景，如图 1-36 所示。

图 1-36　相机所照射到的场景

在 Game 窗口的左上方还有一排命令选项，如图 1-37 所示。

图 1-37　命令选项

（1）Game：下面有一个模拟器显示。

（2）Display1：在项目里会根据需要创建多个相机，可以为每个相机指定不同的 Display。

（3）Free Aspect：用于指定程序运行时的分辨率。

（4）Scale：用于放大或缩小程序运行时显示的画面。

1.5　Unity 3D 菜单介绍

Unity 3D 菜单栏如图 1-38 所示。菜单栏中有 File（文件）、Edit（编辑）、Assets（资源）、GameObject（游戏对象）、Component（组件）、Window（窗口）、Help（帮助）等菜单，每个菜单分别对应了不同的功能操作。

My project (1) - SampleScene - Windows, Mac, Linux - Unity 2021.3.11f1c2 Personal <DX11>

File　Edit　Assets　GameObject　Component　Window　Help

图 1-38　Unity 3D 菜单栏

1.5.1　File 菜单

File 菜单如图 1-39 所示，该菜单的主要命令及其功能如表 1-2 所示。

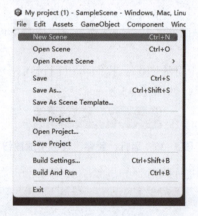

图 1-39　File 菜单

表 1-2　File 菜单的主要命令及其功能

命令	功能
New Scene	创建新场景；快捷键〈Ctrl+N〉
Open Scene	打开一个已经创建的场景；快捷键〈Ctrl+O〉
Save	保存当前场景；快捷键〈Ctrl+S〉
Save As	当前场景另存为；快捷键〈Ctrl+Shift+S〉
New Project	新建一个项目
Open Project	打开一个已创建的项目
Save Project	保存当前项目
Build Settings	项目的编译设置，在编译设置选项中，用户可以选择游戏所在的平台及对项目中各个场景进行管理，可以添加当前的场景到项目的编辑队列中，其中的 Player Settings 命令可用来设置程序的图标、分辨率、启动画面等；快捷键〈Ctrl+Shift+B〉

续表

命令	功能
Build And Run	编译并运行项目；快捷键〈Ctrl+B〉
Exit	退出 Unity 引擎编辑器

1.5.2 Edit 菜单

Edit 菜单如图 1–40 所示，该菜单的主要命令及及其功能如表 1–3 所示。

图 1–40 Edit 菜单

表 1–3 Edit 菜单的主要命令及其功能

命令	功能
Undo	撤销上一步操作；快捷键〈Ctrl+Z〉
Redo	重复上一步操作；快捷键〈Ctrl+Y〉
Undo History	撤销历史记录；快捷键〈Ctrl+U〉
Select All	全选；快捷键〈Ctrl+A〉
Deselect All	取消全选；快捷键〈Shift+D〉
Select Children	选择子菜单；快捷键〈Shift+C〉
Select Prefab Root	选择预制根；快捷键〈Ctrl+Shift+R〉
Invert Selection	反选；快捷键〈Ctrl+I〉
Cut	剪切；快捷键〈Ctrl+X〉
Copy	复制；快捷键〈Ctrl+C〉
Paste	粘贴；快捷键〈Ctrl+V〉
Paste As Child	作为子项目粘贴；快捷键〈Ctrl+Shift+V〉
Duplicate	复制并粘贴对象；快捷键〈Ctrl+D〉
Rename	重命名
Delete	删除
Frame Selected	平移缩放窗口至选择的对象；快捷键〈F〉

命令	功能
Look View to Selected	聚焦到所选对象；快捷键〈Shift+F〉
Find	切换到搜索框，通过对象名称搜索对象；快捷键〈Ctrl+F〉
Search All	搜索所有对象；快捷键〈Ctrl+K〉
Play	在游戏视图中运行制作好的游戏；快捷键〈Ctrl+P〉
Pause	停止游戏运行；快捷键〈Ctrl+Shift+P〉
Step	逐帧运行游戏；快捷键〈Ctrl+Alt+P〉
Sign in	登录到 Unity 3D 账户
Sign out	退出 Unity 3D 账户
Selection	载入和保存已有选项
Project Settings	设置项目相关参数
Preferences	设定 Unity 3D 编辑器偏好设置功能相关参数
Shortcuts	快捷键设置
Clear All PlayerPrefs	清除所有的玩家属性
Graphics Tier	图像队列

1.5.3 Assets 菜单

Assets 菜单如图 1-41 所示，该菜单的主要命令及其功能如表 1-4 所示。

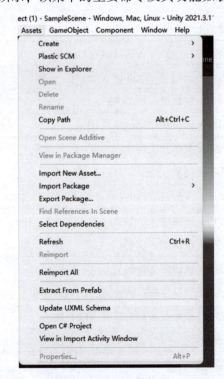

图 1-41 Assets 菜单

表 1-4　Assets 菜单的主要命令及其功能

命令	功能
Create	创建资源（脚本、动画、材质、字体、贴图、物理材质、GUI 皮肤等）
Plastic SCM	管理文件更改，包括将项目链接到源代码控制、签入文件、撤销更改、比较文件修订等
Show in Explorer	打开资源所在的目录位置
Open	打开对象
Delete	删除对象
Rename	重命名
Copy Path	复制路径；快捷键〈Alt+Ctrl+C〉
Open Scene Additive	打开添加的场景
Import New Asset	导入新的资源
Import Package	导入资源包
Export Package	导出资源包
Find References in Scene	在场景视图中找出所选资源
Select Dependencies	选择相关资源
Refresh	刷新资源；快捷键〈Ctrl+R〉
Reimport	将所选对象重新导入
Reimport All	将所有对象重新导入
Extract From Prefab	从预制板中提取
Update UXML Schema	更新 UXML 模式
Open C# Project	开启 MonoDevelop 并与项目同步
View in Import Activity Window	在导入活动窗口中查看
Properties	对象属性

1.5.4　GameObject 菜单

GameObject 菜单如图 1-42 所示，该菜单的主要命令及其功能如表 1-5 所示。

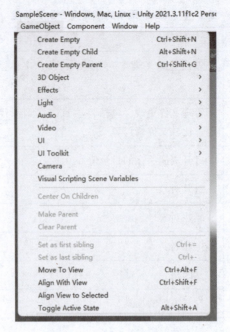

图 1-42　GameObject 菜单

表 1-5　GameObject 菜单的主要命令及其功能

命令	功能
Create Empty	创建一个空的游戏对象；快捷键〈Ctrl+Shift+N〉
Create Empty Child	创建空的子对象；快捷键〈Alt+Shift+N〉
Create Empty Parent	创建空的父对象；快捷键〈Ctrl+Shift+G〉
3D Object	创建三维对象
Effects	创建特效对象，如粒子系统等
Light	创建灯光对象
Audio	创建声音对象
Video	创建视频对象
UI	创建 UI 对象
UI Toolkit	创建 UI 框架
Camera	创建相机对象
Visual Scripting Scene Variables	视觉脚本场景变量
Center On Children	将父对象的中心移动到子对象上
Make Parent	选中多个对象后创建父子对象的对应关系
Clear Parent	取消父子对象的对应关系
Set as first sibling	设置选定子对象为所在父对象下面的第一个子对象；快捷键〈Ctrl+=〉
Set as last sibling	设置选定子对象为所在父对象下面的最后一个子对象；快捷键〈Ctrl+-〉

续表

命令	功能
Move To View	改变对象的 Position 坐标值，将所选对象移动到 Scene 视图中；快捷键〈Ctrl+Alt+F〉
Align With View	改变对象的 Position 坐标值，将所选对象移动到 Scene 视图的中心点；快捷键〈Ctrl+Shift+F〉
Align View to Selected	将编辑视角移动到选中对象的中心位置
Toggle Active State	设置选中对象为激活或不激活状态；快捷键〈Alt+Shift+A〉

1.5.5　Component 菜单

Component 菜单如图 1-43 所示，该菜单的主要命令及其功能如表 1-6 所示。

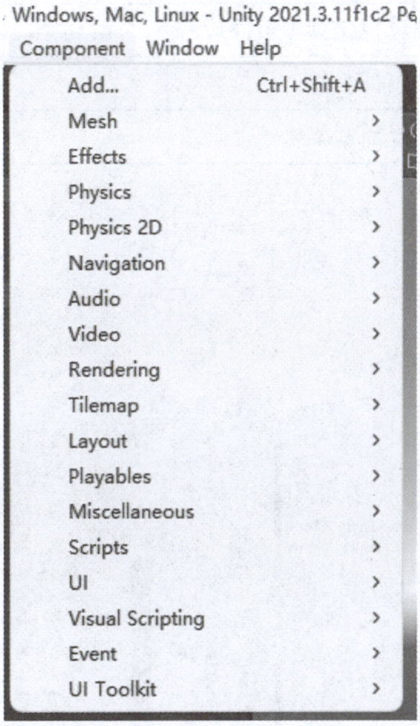

图 1-43　Component 菜单

表 1-6　Component 菜单的主要命令及其功能

命令	功能
Add	添加组件；快捷键〈Ctrl+Shift+A〉
Mesh	添加网格属性
Effects	添加特效组件
Physics	使物体带有对应的物理属性
Physics 2D	添加 2D 物理组件
Navigation	添加导航组件
Audio	添加音频

命令	功能
Video	添加视频播放
Rendering	添加渲染组件
Tilemap	添加瓦片地图
Layout	添加布局组件
Playables	添加可播放组件
Miscellaneous	添加杂项组件
Scripts	添加 Unity 3D 脚本组件
UI	添加界面组件
Visual Scripting	添加可视化脚本组件
Event	添加事件组件
UI Toolkit	添加界面框架组件

1.5.6 Window 菜单

Window 菜单如图 1-44 所示。

1.5.7 Help 菜单

Help 菜单如图 1-45 所示。

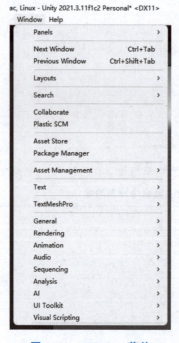

图 1-44　Window 菜单

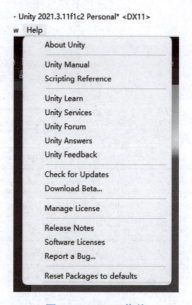

图 1-45　Help 菜单

课后作业：

虚拟现实应用开发

项目一　创建第一个 Unity 3D 基础项目

班级：_____

姓名：_____

_____学院

作业要求：

阅读项目一中所有课程资料，了解 Unity 3D 的基本界面布局，熟悉各个窗口的功能，掌握建立项目的流程，熟悉各个工具的运用，并上机完成实际操作。

一、选择题

1. 在 Unity 3D 中，Console 窗口的信息类型不包括以下哪一个？（　　　）

A. 警告　　　　　　　　　　　　　B. 错误

C. 脚本中输出的字符　　　　　　　D. 项目名称

2. 用于更换 Unity 3D 中各个窗口布局的参数是以下哪一个？（　　　）

A. Layout　　　　　　　　　　　　B. Layer

C. Tag　　　　　　　　　　　　　 D. Account

3. 在 Unity 3D 中，Project 窗口下的所有资源都应保存在（　　　）文件夹下。

A. Resources　　　　　　　　　　 B. Assets

C. SteamingAssets　　　　　　　　 D. Plugins

4. 在 Unity 3D 中，Inspector 窗口负责展示各个游戏对象的（　　　）。

A. 组件　　　　　　　　　　　　　B. 名称

C. 资源文件　　　　　　　　　　　D. 渲染效果

二、简答题

描述在 Scene 窗口中可以对游戏对象进行哪些操作。

三、上机实训

建立项目文件，并创建立方体，从不同的角度观察 3D 游戏对象。

四、收获与感想

项目二

室内场景漫游交互

项目简介

用户界面（UI）在软件和程序开发中占有举足轻重的地位，它在很大程度上影响着用户的操作体验。为了构建一个具有高度可交互性的室内场景漫游体验空间，本项目将采取多维度的设计和实现策略。

首先，项目核心以"室内场景"为背景，目标是实现用户在该环境下的自由漫游。为达到这一目标，我们将设计 2D 和 3D 的 UI。这些 UI 将成为用户与虚拟环境互动的主要平台，包括但不限于 UI 按钮触发、模型触发、音频和视频播放等。

其次，为了增加场景的互动性和真实感，项目还将涉及碰撞体触发的设计和实现。这使用户可以更自然地与虚拟世界中的物体进行交互，进一步提升用户体验。

最后，相机创建也被纳入项目范围。通过精心设计的相机角度和视点，用户能够更加自由和全面地观察和探索虚拟环境。

综合而言，本项目不仅需要我们深入了解并掌握 2D UI、3D UI、碰撞体触发和相机创建等多个关键技术，而且要确保这些技术能够协同工作，给用户带来统一、流畅的体验。这一系列的设计和实现，旨在为后续大型项目的开发奠定坚实的基础。

知识图谱

熟练掌握文件调用	音频触发交互	
熟练掌握创建方法 / 交互功能实现	3D UI触发交互	
熟练掌握创建方法 / 交互功能实现	碰撞体触发交互	室内场景漫游交互
熟练掌握文件调用	视频触发交互	

创建行走相机	熟练掌握创建方法 / 熟练掌握交互功能
创建UI	熟练掌握创建方法 / 命名及大小位置色彩调整
按钮触发交互	熟练掌握创建方法 / 交互功能实现
模型触发交互	模型墙纸触发交互 / 单击开门触发交互

学习要求

为了成功创建一个具有高度可交互性和用户友好性的室内场景漫游体验空间，有几个关键领域需要特别关注。一是 UI 设计，包括 2D UI 和 3D UI 设计，这是构建直观和用户友好界面的基础。除此之外，项目组成员还需要掌握设置和管理多种交互元素的方法，如 UI 按钮触发、模型触发及音频和视频播放。二是增加虚拟环境的互动性和真实感，这里涉及碰撞体触发和相机操作的基础知识，特别是调整相机角度和视点，使用户能更全面地观察和探索场景。综合这些要素，并进行全面的应用和测试，不仅是本项目成功的关键，也将为未来更大规模和更复杂的项目开发奠定坚实的基础。

与此同时，为了满足项目"素养提升"的要求，项目方案的设计和实施应具备多个关键要素。首先，细心和认真是项目方案成功的基础，这不仅涉及项目的具体实施，还包括对项目功能和作用的深入理解。理解这些元素不仅能提高项目的完成效率，还能实现"举一反三"的学习效果。其次，多角度思考和钻研是深入掌握项目的关键。这意味着不仅要多练习，还需要从不同的视角去考察问题，因为同一种功能可能存在多种实现方式。最后，辩证思维和科学理性的态度也是不可或缺的，它们能帮助我们更准确地评估和选择项目中的不同方法和技术，从而更全面地实现项目目标。

学习目标

- 了解 Unity 3D 的 UI
- 掌握 2D UI 和 3D UI 的创建方法，熟悉其触发功能
- 掌握碰撞体触发的创建方法
- 掌握音频和视频的播放方法，熟悉其调用功能
- 掌握模型触发的创建方法
- 掌握相机的创建方法，熟悉其功能

素养提升

本项目旨在通过多角度的教学和实践，全面培养学生在深度渲染系统方面的综合素质。首先，项目将深入探讨深度渲染系统的原理和应用，以培养学生的创新意识和实践能力。这一阶段也将激发学生对科技发展的热情和责任感。其次，通过对深度渲染系统的优势和局限的分析，项目将引导学生树立科学的世界观和方法论。这不仅有助于培养学生的批判思维，也有助于激发他们的创造性思维。再次，项目将通过比较深度渲染系统和其他渲染系统的特点，进一步培养学生的综合分析能力和问题解决能力。这将有助于提高学生的学习效率和学习质量。最后，项目将探讨深度渲染系统的社会价值和影响力，以培养学生的社会责任感和公民意识。这一部分还将强调道德修养和法律意识的重要性。

综合以上各点，本项目旨在通过深度渲染系统的多方面教学和实践，为学生带来一个全面、层次丰富的学习体验。

实训设备

为进行 Unity 3D 相关项目的开发，需要准备以下两个资源：一台已经安装了 Unity 3D 的计算机；一套完整的室内 3D 模型。

创建行走相机

2.1 创建行走相机

打开 Unity 3D，调用建立好的一套室内模型，其场景如图 2-1 所示。

图 2-1 室内模型场景

调整视角，进入室内，创建 XDreamer，如图 2-2 所示。

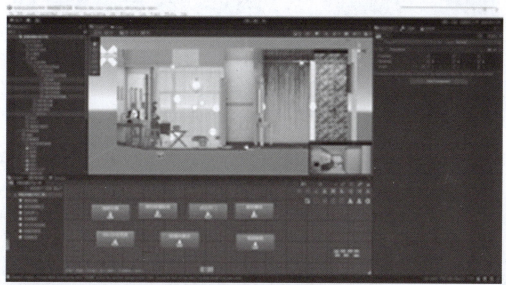

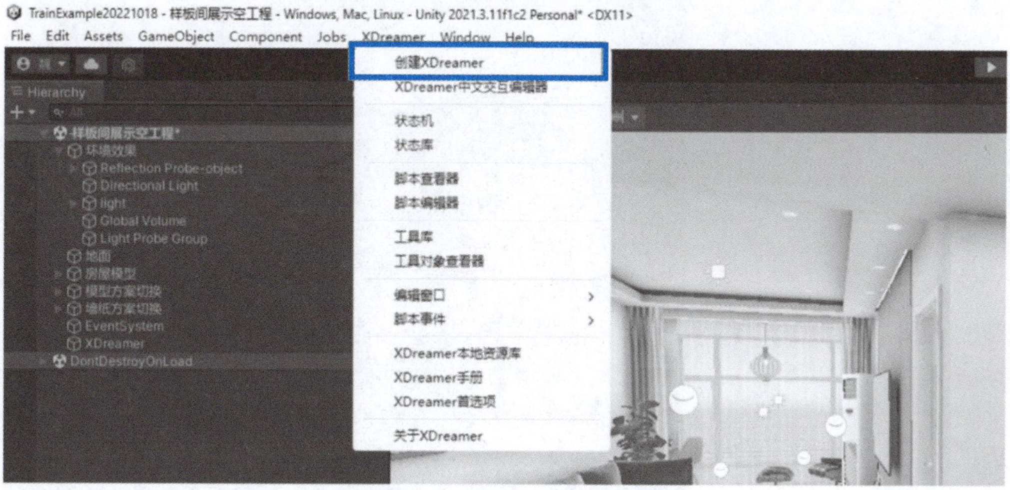

图 2-2 创建 XDreamer

创建 XDreamer 后，Hierarchy 窗口中会增加一个 XDreamer 子对象信息窗口，如图 2-3 所示。

图 2-3　XDreamer 子对象信息窗口

选择 XDreamer 子对象中的"相机"，右侧 Inspector 窗口中会出现"相机"面板，如图 2-4 所示。在此面板中集成了多种相机模式，这里需要选择"行走相机（基于角色的第一人称）"选项。

图 2-4　"相机"面板

创建行走相机，如图 2-5 所示。

图 2-5　创建行走相机

选择"相机"并将其移动到所需要的位置。选择 Hierarchy 窗口中的"行走相机"，右侧 Inspector 窗口中会出现行走相机的相关参数，如图 2-6 所示，在此可以调整相机的半径大小、高度等。根据实际要求调整参数，相机创建完成，在 Game 窗口中调整运行，即可以实现行走漫游的功能。

图 2-6　行走相机的相关参数

2.2 创建 UI

利用前面使用的模型场景，单击项目主界面左侧 Hierarchy 窗口中 XDreamer 子对象的"工具库"，选择 UGUI 选项，出现"工具库"窗口，如图 2-7 所示。

2D UI 的创建

单击 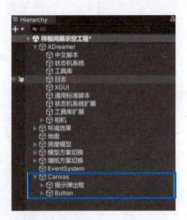 按钮，Hierarchy 窗口中会自动创建 Canvas 对象，如图 2-8 所示。

图 2-7 "工具库"窗口

图 2-8 自动创建 Canvas 对象

此时 Scene 窗口中的显示效果如图 2-9 所示。Scene 窗口正中间是刚才创建的 UI 按钮，该按钮处于 2D 状态下，编辑调整 UI 都可以在 2D 状态下进行。

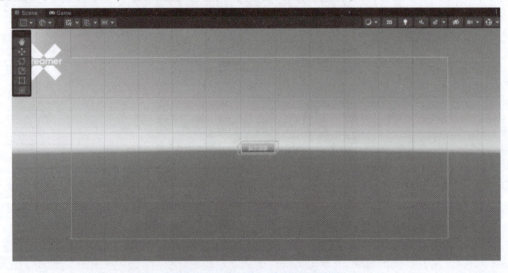

图 2-9 Scene 窗口中的显示效果

选择已创建的 UI 按钮，将其移动到需要的位置，如图 2-10 所示。

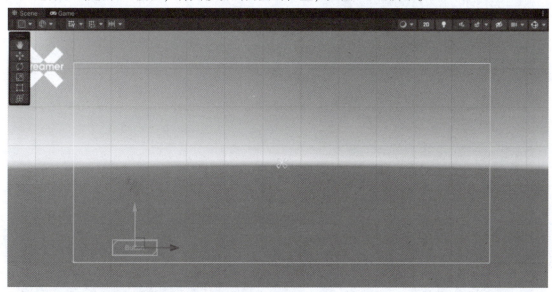

图 2-10 移动 UI 按钮

此时 Game 窗口的显示效果如图 2-11 所示。单击 Scene 窗口中的按钮，右侧 Inspector 窗口中出现按钮参数调整面板，如图 2-12 所示。在这里可以调整按钮的各种参数，包括位置、颜色、名称、按钮的形状样式等。

图 2-11 Game 窗口的显示效果

按照以上方式继续建立几个图标按钮。需要注意的是，这里需要调整按钮的尺寸，并且需要在 Inspector 窗口中将其调整为正方形，如图 2-13 所示。

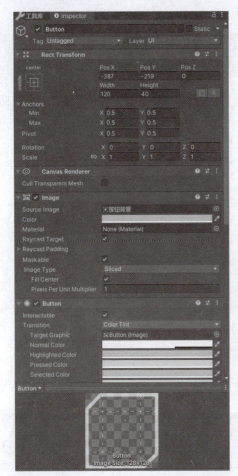

图 2-12　Inspector 窗口中的按钮参数调整面板　　　图 2-13　在 Inspector 窗口中调整按钮的形状

将按钮调整为 80×80 正方形，其在 Scene 窗口中的显示效果如图 2-14 所示。

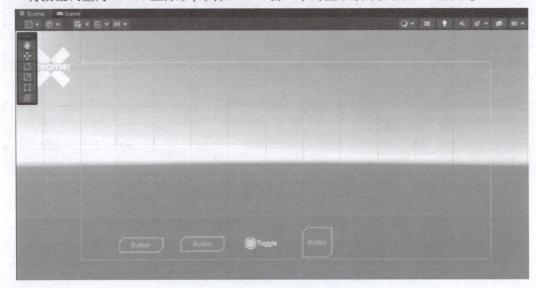

图 2-14　按钮在 Scene 窗口中的显示效果

下面把按钮变成所需要的形状。打开项目主界面左下角的 Project 窗口，使用提前准备好的文件来测试 UI，系统会展示需要的图标，如图 2-15 所示。

图 2-15 Project 窗口中的图标

选中音乐图标，将其拖曳到右侧 Inspector 窗口中，即可替代默认按钮，如图 2-16 所示。在左侧 Hierarchy 窗口中删除 Button 子对象下的 Text 子对象。

图 2-16 用音乐图标替代默认按钮

在 Hierarchy 窗口中选择要变换图标的 Button 对象，按〈Ctrl+D〉组合键直接复制一个，将其移动到需要的位置，为其赋予另一个图标样式，这样就完成 2D UI 的创建，如图 2-17 所示。

图 2-17 完成 2D UI 的创建

接下来创建 3D UI。3D UI 主要应用于 VR 场景中，需要用到一些按钮、触发等功能，其创建方法与 2D UI 类似。需要注意的是，Canvas 对象的渲染模式有 3 种，在 2D 中的渲染模式为 Overlayer，在 3D 中的渲染模式为 World Space。使用 World Space 模式时，Canvas 可以被缩放大小、移动和旋转，以便在 VR 场景中实现其功能。

与创建 2D UI 一样，首先在 Hierarchy 窗口中建立一个 Canvas 对象，然后选中 Canvas 对象，在右侧的 Inspector 窗口中将渲染模式调整为 World Space，如图 2-18 所示。

3D UI 的创建

图 2-18 调整渲染模式

在 Canvas 对象下创建按钮，缩放 Canvas 对象，将其旋转并移动到场景中需要的位置，最终效果如图 2-19 所示。

图 2-19 最终效果

2.3 按钮触发交互

UI 设计完成后，还需要实现其交互功能。UI 主要的交互功能需要在状态机的模板里完成，相当于程序里的代码编写，如图 2-20 所示。

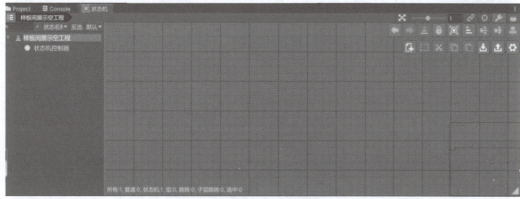

图 2-20 状态机模板

在 Hierarchy 窗口中选择 XDreamer 的子对象"状态机系统"，右侧的 Inspector 窗口如图 2-21 所示。单击"打开状态机"按钮，即可打开"状态机"窗口。

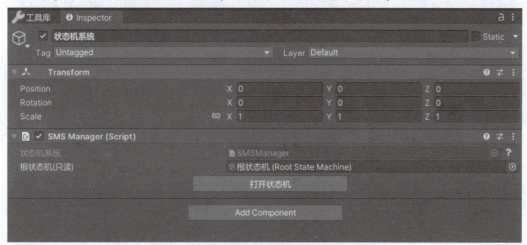

图 2-21 Inspector 窗口

开启"状态机"窗口后，右上角的工具栏如图 2-22 所示，单击其中的"新建"按钮 。

图 2-22 "状态机"窗口的工具栏

创建状态控制器，如图 2-23 所示，在右侧 Inspector 窗口中可修改状态控制器的名称。

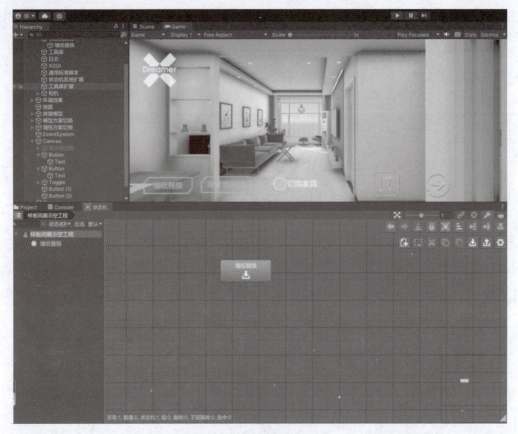

图 2-23　创建状态控制器

在"状态机"窗口中双击重命名的"墙纸替换"按钮，进入新的层次关系面板，在此可以编辑和调整代码要实现的功能，如图 2-24 所示。

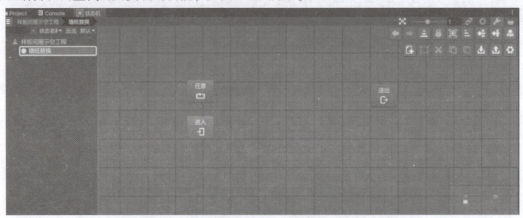

图 2-24　新的层次关系面板

单击"任意"按钮![]可以多次运行程序，单击"进入"按钮![]只能单次运行程序，单击"退出"按钮![]退出程序。

单击右上角工具栏中的"状态库"按钮![]，打开"状态库"窗口，如图 2-25 所示，这里包含常用的交互组件。

图 2-25 "状态库"窗口

因为这里需要实现的是按钮功能，所以单击 按钮点击 按钮，在面板中创建一个"按钮点击"按钮，如图 2-26 所示。

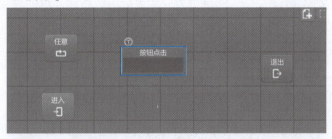

图 2-26 创建"按钮点击"按钮

单击"状态机"窗口中新创建的"按钮点击"按钮，右侧 Inspector 窗口中会出现新的属性面板，如图 2-27 所示。

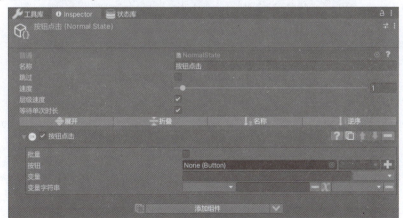

图 2-27 新的属性面板

将 Hierarchy 窗口中的 2D UI 拖曳到 None (Button) 中，以实现交互联系，完成添加后，"墙纸替换"按钮联系变化如图 2-28 所示。

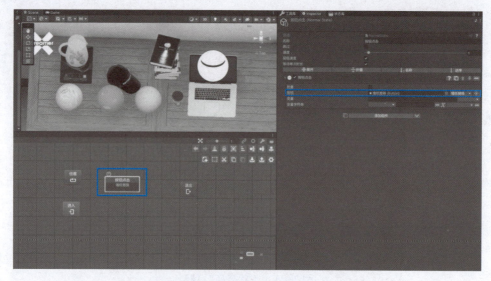

图 2-28 "墙纸替换"按钮联系变化

"墙纸替换"按钮实现的原理是材质球的隐藏和显示。要继续添加其功能，可在"状态库"窗口中单击 游戏对象激活 按钮，创建"游戏对象激活"按钮。单击该按钮，右侧 Inspector 窗口中的属性面板如图 2-29 所示。

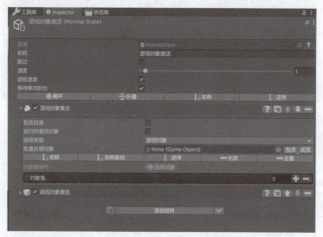

图 2-29 Inspector 窗口中的属性面板

与前面一样，需要把对应的 3 个材质球拖曳到对象集中，完成添加后，"游戏对象激活"按钮联系变化如图 2-30 所示。

图 2-30 "游戏对象激活"按钮联系变化

展开"游戏对象激活"栏，在"进入激活"右侧的下拉列表框中选择"切换"选项，如图 2-31 所示。

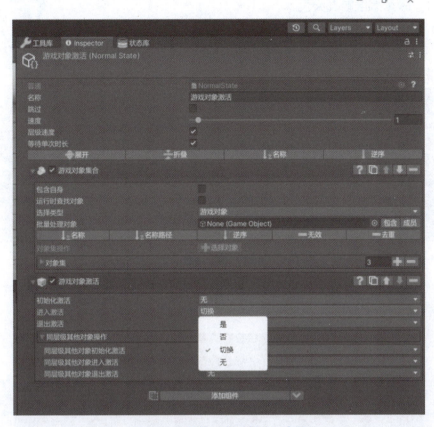

图 2-31　调整"进入激活"选项

在"状态机"窗口中将各个按钮连接起来，如图 2-32 所示。在 Game 窗口中运行程序，就可以实现单击触发隐藏和显示材质球。

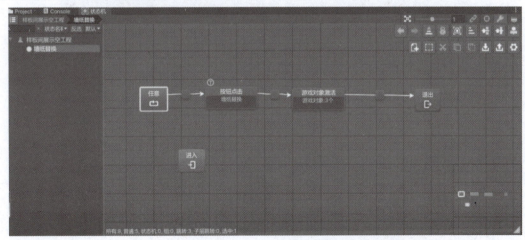

图 2-32　将各个按钮连接起来

2.4 模型触发交互

2.4.1 模型墙纸触发交互

模型墙纸触发交互

模型触发指的是单击模型物体时产生交互。在"状态机"窗口中单击右上角工具栏中的"新建"按钮，建立一个新的触发按钮，将其重命名为"模型墙纸触发"，如图2-33所示。

图 2-33　创建"模型墙纸触发"按钮

单击该按钮，进入编辑状态。在右上角的"状态库"窗口中单击 碰撞体点击 按钮，创建"碰撞体点击"按钮，如图2-34所示。

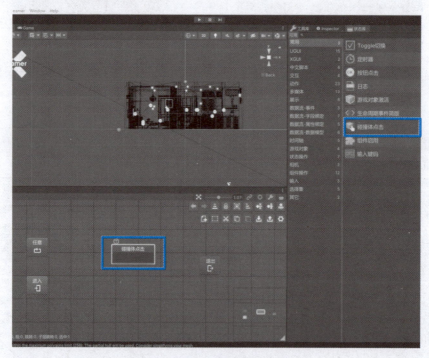

图 2-34　创建"碰撞体点击"按钮

单击新创建的"碰撞体点击"按钮，在右侧的 Inspector 窗口中将"暖色墙纸"模型添加到"游戏对象"中，如图2-35所示。

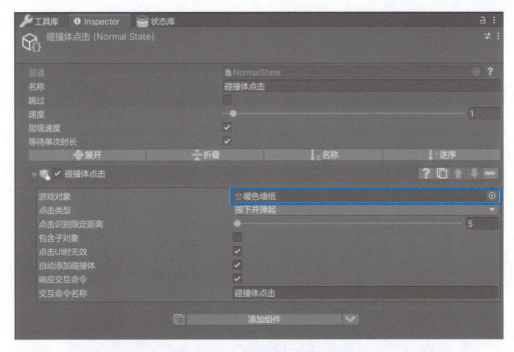

图 2-35　为"游戏对象"添加模型

单击右上角的"状态库"窗口，选择"组件操作"选项，然后单击 渲染器属性设置 按钮，创建"渲染器属性设置"按钮，如图 2-36 所示。

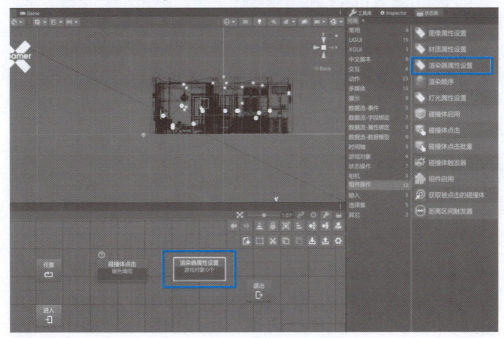

图 2-36　创建"渲染器属性设置"按钮

单击新创建的"渲染器属性设置"按钮，在右侧的 Inspector 窗口中将要变成"暖色墙纸"的墙体模型添加到"游戏对象"中，如图 2-37 所示。

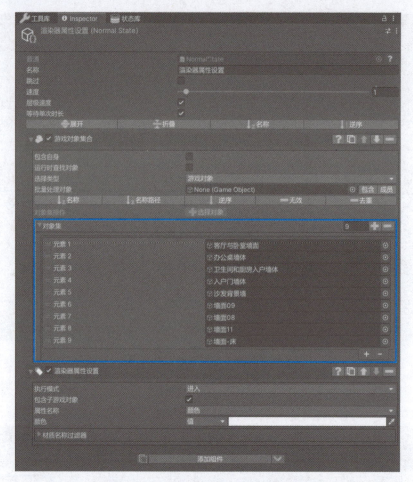

图 2-37　为"游戏对象"添加墙体模型

调整"渲染器属性设置"子对象，在"属性名称"右侧的下拉列表框中选择"材质"选项，并将 Assets 文件夹下的墙体材质球拖曳到"材质"后的下拉列表框中，如图 2-38所示。

图 2-38　调整"渲染器属性设置"子对象

由于有 3 个墙纸模型，所以需要再添加两个。单击"碰撞体点击"和"渲染器属性设置"按钮，单击右上角工具栏中的"复制"按钮，再单击"粘贴"按钮，得到两个同样的触发按钮。调整其对应的模型和墙体材质球，连接各触发按钮，3 个墙纸模型的设置效果如图 2-39 所示。运行程序，就可以实现墙纸替换。背景墙模型的设置与之类似，此处不再赘述。

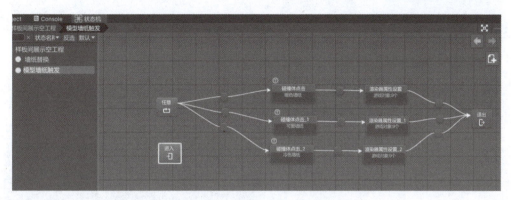

图 2-39　3 个墙纸模型的设置效果

2.4.2　单击开门触发交互

本小节的触发对象是门，需要实现开门和关门两个动作。新建一个触发按钮，将其命名为"模型开门触发"。单击"进入"按钮，进入"状态库"窗口，选择"常用"对象下的"子对象"选项，单击  按钮，创建"碰撞体点击"触发按钮，并将其重命名为"第一次点击门"，如图 2-40 所示。

图 2-40　重命名按钮

将门的模型添加到"游戏对象"中，如图 2-41 所示。

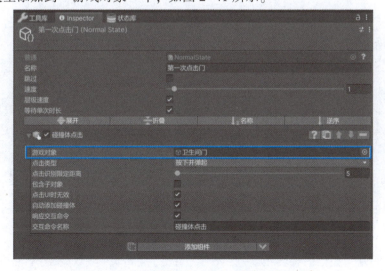

图 2-41　将门的模型添加到"游戏对象"中

在"状态库"窗口中选择"动作"对象下的"旋转"子对象，如图 2-42 所示，"开门"使用"旋转"触发按钮。

单击 旋转 按钮，创建"旋转触发"按钮，将其重命名为"旋转 90度"。将需要开的门添加到"游戏对象"中，门是沿 y 轴旋转的，开门的旋转角度大概为 90°。将"旋转规则"对象的 y 轴调整为 90°，门的设置如图 2-43 所示。

图 2-42　选择"旋转"子对象

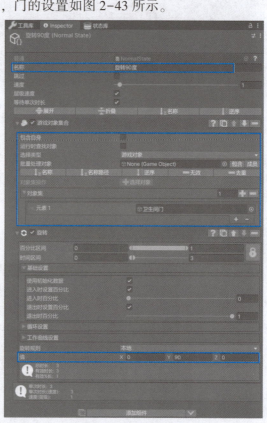

图 2-43　门的设置

开门与关门是一个重复动作，把所创建的两个触发按钮进行复制并重命名，完成开门与关门设置，如图 2-44 所示。

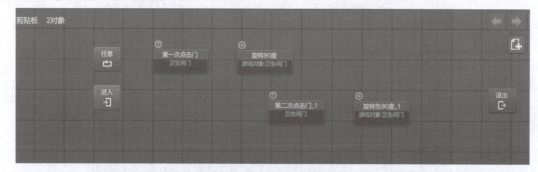

图 2-44　完成开门与关门设置

需要注意的是，关门的旋转角度是 -90°，因此"旋转规则"对象的 y 轴应调整为 -90°。同样需要注意的是，应取消勾选"基础设置"中的"使用初始化数据"复选框，否则运行程序的时候关门动作会出错。关门属性的设置如图 2-45 所示。

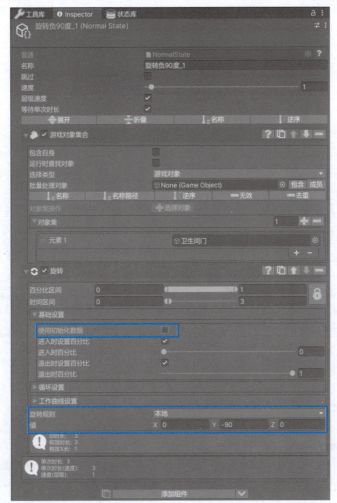

图 2-45　关门属性的设置

连接触发按钮时，使用的是"进入"按钮，没有使用"退出"按钮，而"旋转负 90 度_1"按钮需要连接到"第一次点击门"按钮实现循环。连接时注意箭头的顺序，连接成功的效果如图 2-46 所示。此时运行程序，即可实现单击开门、关门。

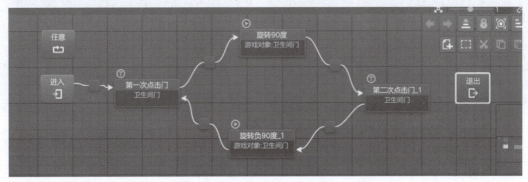

图 2-46　连接成功的效果

2.5 音频触发交互

音频触发的设置与 UI 按钮触发的设置类似。在"状态机"窗口中新建状态机控制器，并将其重命名为"音频触发"。单击"音频触发"按钮，选择右侧"状态库"窗口中"常用"对象"按钮点击"子对象，创建"按钮点击"触发按钮，如图 2-47 所示。

音频触发交互

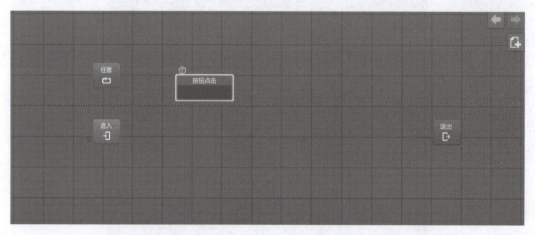

图 2-47 创建"按钮点击"触发按钮

单击"按钮点击"按钮，将在 Hierarchy 窗口中播放音乐的 UI 添加到右侧 Inspector 窗口的"按钮点击"中，添加 UI 后的效果如图 2-48 所示。

在"状态库"窗口中选择"多媒体"对象下的"音频"子对象，创建"音频"触发按钮，如图 2-49 所示。

图 2-48 添加 UI 后的效果

图 2-49 创建"音频"触发按钮

创建"音频"触发按钮后的"状态机"窗口如图 2-50 所示。

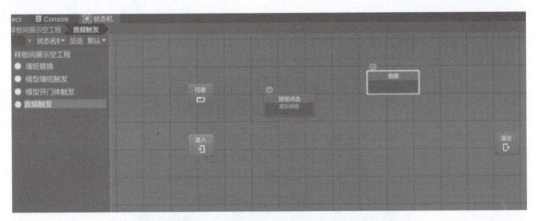

图 2-50　创建"音频"触发按钮后的"状态机"窗口

添加音频素材，这里要注意，音频素材需要先放到 Hierarchy 窗口中，而不是直接从 Project 窗口的 Assets 文件夹里调用。音频在 Hierarchy 窗口和在 Project 窗口中时右侧 Inspector 窗口中的属性参数，分别如图 2-51 与图 2-52 所示，需要取消勾选 Play On Awake 复选框，然后勾选 Loop 复选框。

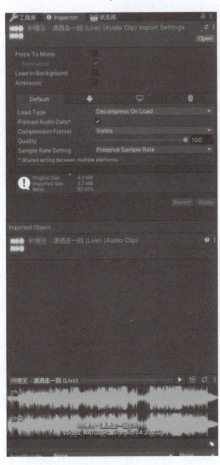

图 2-51　音频在 Hierarchy 窗口中时右侧 Inspector 窗口中的属性参数

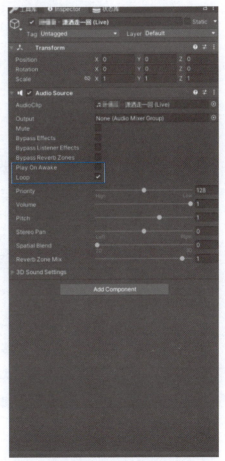

图 2-52　音频在 Project 窗口中时右侧 Inspector 窗口中的属性参数

单击"状态机"窗口中的"音频"按钮，展开 Inspector 窗口。将 Hierarchy 窗口中的音频素材文件添加到 Inspector 窗口的"音频源"中，如图 2-53 所示。

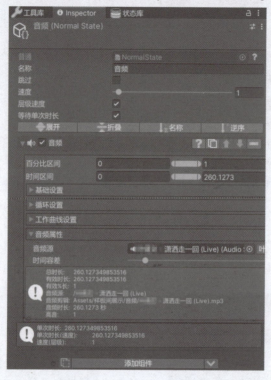

图 2-53　添加音频素材文件

在"状态机"窗口中添加音频素材，如图 2-54 所示。

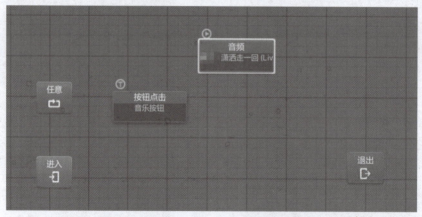

图 2-54　在"状态机"窗口中添加音频素材

在"状态库"窗口中选择"状态操作"对象下的"状态激活"子对象，添加"状态激活"按钮，如图 2-55 所示。

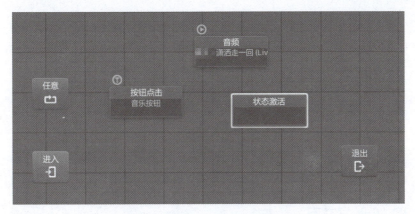

图 2-55 添加"状态激活"按钮

单击"状态激活"按钮，打开 Inspector 窗口，在列表框中选择"音频触发"下的"音频"选项，并在"激活"右侧的下拉列表框中选择"切换"选项，属性设置如图 2-56 所示。

图 2-56 属性设置

连接各触发按钮，设置成功的"状态机"窗口如图 2-57 所示。此时在 Game 窗口中运行程序，就可以显示图标按钮，进行音频播放了。注意，运行程序时，需要确保 Game 窗口右上角的 按钮处于激活状态。

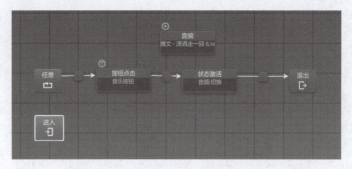

图 2-57　设置成功的"状态机"窗口

2.6　3D UI 触发交互

3D UI 的设置方法和 2D UI 的设置方法类似，只是 3D UI 所处的空间不同。本节需要实现的触发功能是沙发模型的切换。在"状态机"窗口里新建状态机控制器，并将其重命名为"3DUI 沙发模型切换"，选择此控制器，在右侧的"状态库"窗口里选择"常用"对象下的"按钮点击"子对象，创建"按钮点击"按钮，如图 2-58 所示。

3D UI 触发交互：
沙发切换

图 2-58　创建"按钮点击"按钮

单击"按钮点击"按钮，打开 Inspector 窗口，将 Hierarchy 窗口中的 3D UI 添加到"按钮"中，如图 2-59 所示。

图 2-59　添加 3D UI

在右侧的"状态库"窗口中选择"常用"对象下的"游戏对象激活"子对象，创建"游戏对象激活"按钮，如图 2-60 所示。

图 2-60 创建"游戏对象激活"按钮

在 Inspector 窗口的"游戏对象集合"栏中添加 A 方案并进行调整，在"游戏对象激活"栏中的"进入激活"右侧的下拉列表框中选择"切换"选项，继续调整同层级其他对象操作，在"同层级其他对象进入激活"右侧的下拉列表框中选择"切换"选项，如图 2-61 所示。

同层级是指在同一个父对象下，如图 2-62 所示。

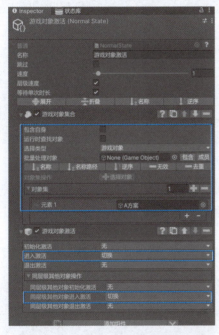

图 2-61 Inspector 窗口设置

图 2-62 同层级

连接各触发按钮，如图 2-63 所示，并在 Game 窗口中运行程序，即可实现沙发模型的切换。

图 2-63 连接各触发按钮

2.7 碰撞体触发交互

碰撞体触发是指一个物体移动到另外一个碰撞体范围内，这个过程涉及空间范围内产生的触发，如开门、关门、开灯、隐藏、显示、声音播放、动画等。本节使用相机作为移动物体，移动到碰撞体一定范围内触发交互，让控制电视的 3D UI 显示出来。

碰撞体触发交互

下面介绍建立碰撞体的方法。在菜单栏中选择 GameObject→3D Object→Sphere 命令，建立一个球体，并调整球体的大小和位置，如图 2-64 所示。

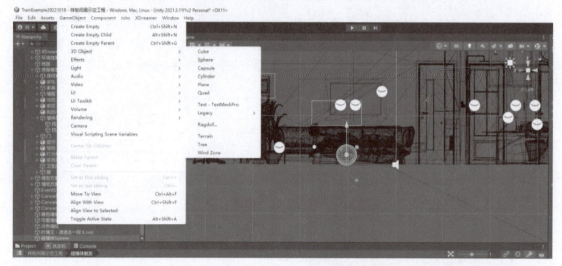

图 2-64 建立并调整球体

选择创建好的球体（Unity 3D 创建的物体都自带碰撞体），将其重命名为"碰撞体 Sphere"。单击 Inspector 窗口中的 ![按钮] 按钮，打开面板，调整碰撞体的控制范围，如图 2-65 所示。

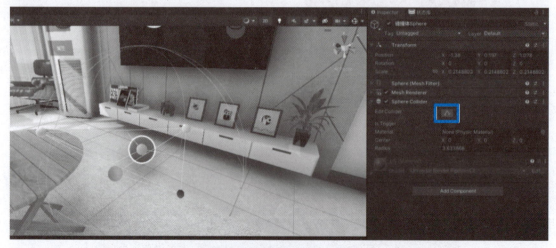

图 2-65 调整碰撞体的控制范围

选择球体，在右侧的"工具库"窗口中选择"可交互对象"对象下的"可交互实体"子对象，选择"在当前选中游戏对象上添加组件"选项，球体属性的设置如图2-66所示。

图 2-66 球体属性的设置

此时 Inspector 窗口中自动创建一些选项，如图 2-67 所示。

图 2-67 自动创建选项

继续在 Inspector 窗口里进行调整。在"可交互对象"栏中选择"碰撞触发器"选项，然后选择"在当前选中游戏对象上添加组件"选项，球体即可被触发了，如图2-68所示。

在"状态机"窗口中新建状态机控制器，并将其重命名为"碰撞体触发"。选择该控制器，在右侧"状态库"窗口中选择"交互"对象下的"碰撞触发器事件"子对象，创建"碰撞触发器事件"按钮，如图2-69所示。

图 2-68　设置球体的触发条件

图 2-69　创建"碰撞触发器事件"按钮

成功创建"碰撞触发器事件"按钮后的"状态机"窗口如图 2-70 所示。

图 2-70　成功创建"碰撞触发器事件"按钮后的"状态机"窗口

双击"碰撞触发器事件"按钮，打开 Inspector 窗口，如图 2-71 所示。

选择前面创建的"碰撞体 Sphere（Collision Trigger）"选项，并将"行走相机（Capsule Collider）"添加到"指定碰撞器对象"中，如图 2-72 所示，这样相机碰撞触发就创建好了。

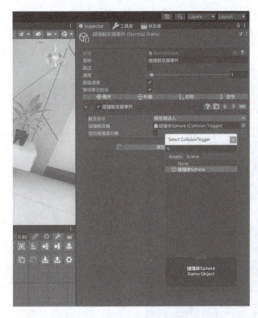

图 2-71　打开 Inspector 窗口　　　　图 2-72　设置"指定碰撞器对象"

在"状态库"窗口中创建"游戏对象激活"按钮,将控制电视的 3D UI 添加到"游戏对象集合"中,并调整游戏对象激活参数,如图 2-73 所示。

此时在 Game 窗口中运行程序,即可实现相机行走到一定位置,控制电视的 3D UI 就会显示。这里需要注意,当退出碰撞体的控制范围后,3D UI 没有隐藏。要解决这一问题,可以先将创建的"碰撞触发器事件"和"游戏对象激活"按钮复制一份,并调整其参数,再将复制的"碰撞触发器事件"按钮的"触发命令"调整为"触发器退出",如图 2-74 所示。

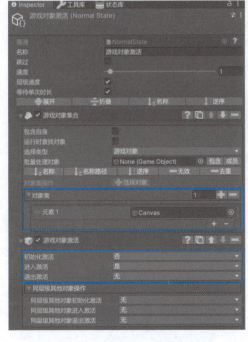
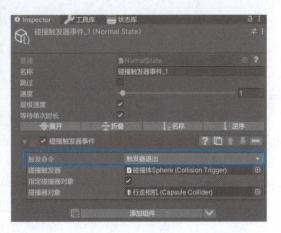

图 2-73　调整游戏对象激活参数　　　图 2-74　将"触发命令"调整为"触发器退出"

将复制的"游戏对象激活"按钮的"进入激活"调整为"否",如图 2-75 所示。

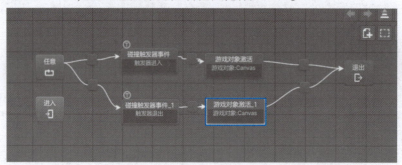

图 2-75　将"进入激活"调整为"否"

连接各触发按钮,如图 2-76 所示。此时在 Game 窗口中运行程序,即可实现进入碰撞体的控制范围显示 3D UI,退出碰撞体的控制范围隐藏 3D UI。

图 2-76　连接各触发按钮

2.8　视频触发交互

视频触发交互需要一个载体来呈现,这里直接在 Unity 3D 里建立一个面片,并将其重命名为"电视视频",并覆盖在电视机屏幕上,将 Assets 文件夹里的视频文件直接拖曳到 Hierarchy 窗口的"电视视频"对象上。成功拖曳视频文件后的 Inspector 窗口如图 2-77 所示。

视频触发交互

新建一个 Canvas 对象,并将其重命名为"电视属性",并在 Inspector 窗口中,在 Render Mode 右侧的下拉列表框中选择 World Space 选项,与前面创建 3D UI 类似。选择"贴图图像"选项,如图 2-78 所示,将其调整大小后移动到电视机屏幕前面。

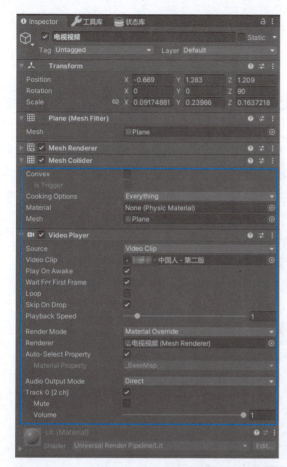

图 2-77 成功拖曳视频文件后的 Inspector 窗口

图 2-78 选择"贴图图像"选项

进入"状态机"窗口，新建状态机控制器，并将其重命名为"视频触发"。选择该控制器，在右侧的"状态库"窗口中创建"按钮点击"按钮，并将 Hierarchy 窗口中的"开电视""关电视""属性"添加到相应的"按钮点击"按钮上，如图 2-79 所示。

图 2-79 设置按钮属性

在"状态库"窗口中创建"游戏对象激活"按钮，并将 Hierarchy 窗口中创建的"电视视频"模型添加到 Inspector 窗口的"对象集"中，在"进入激活"右侧的下拉列表框中选择"是"选项，即开电视，如图 2-80 所示。

复制创建的"游戏对象激活"按钮，并在 Inspector 窗口的"进入激活"右侧的下拉列表框中选择"否"选项，即关电视，如图 2-81 所示。

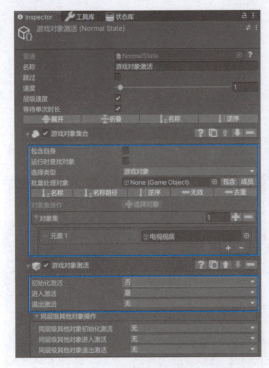

图 2-80　调整"游戏对象激活"参数 1

图 2-81　调整"游戏对象激活"参数 2

复制"游戏对象激活"按钮，并将 Hierarchy 窗口中的"电视属性图片"模型添加到 Inspector 窗口的"对象集"中，在"初始化激活"右侧的下拉列表框中选择"否"选项，在"进入激活"右侧的下拉列表框中选择"切换"选项，如图 2-82 所示。

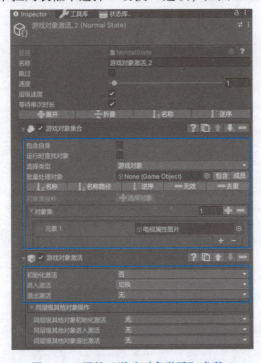

图 2-82　调整"游戏对象激活"参数 3

连接各触发按钮，如图 2-83 所示。此时在 Game 窗口中运行程序，即可实现需要的效果。

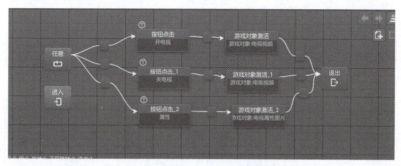

图 2-83　连接各触发按钮

课后作业：

虚拟现实应用开发

项目二 室内场景漫游交互

班级：＿＿＿＿＿＿＿＿＿

姓名：＿＿＿＿＿＿＿＿＿

＿＿＿＿＿＿＿＿学院

作业要求：

阅读项目二中所有课程资料，按照项目步骤和流程逐一上机练习，在练习过程中熟悉各个操作流程，熟悉触发交互功能。多动手，多实践，做到熟能生巧，实现多种交互功能。

一、选择题

1. 创建 XDreamer 行走相机是在以下哪个窗口或面板中进行的？（　　）

A. Inspector   B 工具库

C. Hierarchy   D 状态库

2. 3D UI 创建画布的渲染模式是通过以下哪个选项完成的？（　　）

A. Screen Space-Overlay   B. Screen Space-Camera

C. World Space   D. Screen Space

3. 在 Unity 3D 中，触发交互是在以下哪个窗口或面板中编辑的？（　　）

A. 层级   B. Project

C. 状态机   D. Console

4. 碰撞体触发时，开门需要用到"状态库"窗口中的以下哪个动作？（　　）

A. 旋转   B. 移动

C. 缩放   D. 爆炸图

二、简答题

简述 2D UI 的创建流程。

三、上机实训

导入项目文件，建立 2D UI、3D UI、音频、视频播放和碰撞体触发交互，感受各种触发功能和实现方式。

四、收获与感想

项目三

游戏闯关一

项目简介

本项目主要聚焦设计和实现一款创新型小游戏的第一关卡，其核心目标是不仅能让学生顺利通过关卡，而且能教授他们如何掌握和应用 XDreamer 平台的高级交互功能。在这个特定的关卡设计中，学生的主要任务是通过抓取，准确地将保险丝插入特定的插槽。成功完成这一任务将使电闸闭合并通电，进而打开通往密室的传送门。这一设计不仅能够增加游戏的趣味性，也能够为学生提供一个实际操作和学习的机会。为了进一步丰富游戏体验，项目在游戏设计中融入了多种交互属性数据，包括悬停器、手交互器、插槽交互器等，这些都是游戏中不可或缺的交互元素。这些交互元素不仅能够增加游戏的互动性，还有助于学生更好地理解和应用 XDreamer 平台的高级交互功能。

总体而言，本项目通过游戏这一载体，借助趣味性和互动性的设计，旨在帮助学生掌握 XDreamer 平台的高级交互功能，并提升他们在游戏和实际应用场景中的操作能力。

知识图谱

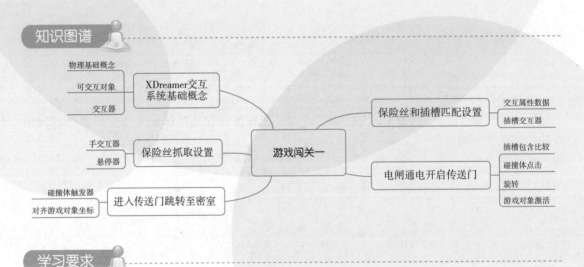

学习要求

为了充分发挥本项目的教学潜力，以下学习要求需要特别注意。首先，应当明确游戏的双重目标：不仅要完成关卡，而且要掌握 XDreamer 平台的高级交互功能。其次，需要具备良好的任务执行能力，包括细致学习如何通过抓取和插入保险丝来完成电闸闭合的任务。在此基础上，还需要熟悉游戏中的多种交互元素，如悬停器、手交互器和插槽交互器等，从而更全面地掌握 XDreamer 平台的高级交互功能。最后，应思考如何将游戏中学到的技能和知识应用到其他实际场景中，以提升自己的综合能力。通过完成这些学习要求，学生不仅能更加享受游戏体验，还能在操作和分析方面获得实质性的提升。

与此同时，为满足项目"素养提升"的要求，本项目特别强调两个核心方面。其一，团队协作精神是至关重要的。在学习和实践过程中，由同学们组成的各个团队或小组需要建立相互信任和互补互助的关系。这不仅有助于他们更高效地掌握项目内容，也能更好地将所学知识应用到实际项目中。其二，培养核心意识非常重要，特别是爱国和爱党的精神。这不仅是作为公民的基本素养，而且是推动学习和实践的重要动力。

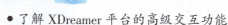

学习目标

- 了解 XDreamer 平台的高级交互功能
- 掌握交互属性数据、悬停器、手交互器等工具，并熟悉其功能
- 掌握插槽交互器、插槽包含比较、对齐游戏对象坐标等工具，并熟悉其应用
- 熟悉碰撞体触发器和碰撞体点击功能
- 熟练应用旋转和游戏对象激活功能

素养提升

本项目旨在全面提升学生的技术应用能力、团队协作精神和核心价值观。首先，强调技术与应用的双重目标：除完成游戏关卡外，更应关注学生能否掌握 XDreamer 平台的高级交互功能，并考虑如何将这些技能应用到其他实际场景中。其次，团队协作与互助是重要的教育目标。在学习和实践过程中，学生需要在组成的团队或小组里建立起相互信任和互补互助的关系，以提高项目的执行效率，并更好地将所学知识应用到实际项目中。最后，项目特别强调培养学生的核心价值观，尤其是爱国和爱党的精神，作为激励他们投身学习和实践的精神动力。综合这些目标，希望本项目不仅能提升学生技术和应用方面的能力，还能在团队协作和核心价值观的培养上实现全面教育，助力学生成为更加全面、专业的人才。

实训设备

为进行 Unity 3D 相关的项目开发，需要准备以下两个资源：一台已经安装了 Unity 3D 的计算机；一套游戏 3D 模型场景。

3.1 XDreamer 交互系统基础概念

3.1.1 物理基础概念

（1）物理引擎：模拟重力、碰撞、运动、关节、布料或车辆驾驶等物理效果。

（2）刚体：模拟受力做位移和旋转运动，但不以任何方式变形的对象。它与现实生活中的事物不同，即使承受很大压力也不会挤压、弯曲或扭曲。

（3）碰撞体：计算碰撞的形状对象，包含盒体、球体、胶囊、网格、地形等类型的碰撞体。简单形状的碰撞体的计算量相对较小，凸碰撞体比凹碰撞体的计算量要小。刚体下的所有碰撞体都属于刚体碰撞计算的形状对象，因此可以使用简单的碰撞体来模拟一个复杂形状的对象，从而达到高效计算的目的。

（4）触发器：碰撞体上的一个属性。触发器会检测到碰撞，但不会受力被撞开。触发器的触发条件有两个：一是双方都有碰撞体；二是双方至少有一方是刚体。

3.1.2 可交互对象

（1）可交互对象：被动接受交互动作的对象。

（2）可交互对象实体：具有悬停、选择的对象，其他所有的可交互组件都依赖可交互对象实体。

（3）可抓取对象：可被抓、放和扔的对象。

（4）可交互对象属性：定义可交互对象具备某些属性值的组件，如插槽标签、颜色等。

（5）交互属性数据源：定义全局属性的数据容器，被其他属性组件引用为数据源。

（6）碰撞触发器：检测碰撞进入、停留和退出等事件，但不会受力被撞开的对象。

3.1.3 交互器

（1）交互器：主动产生交互动作，并与可交互对象相互作用的对象。

（2）手交互器：模拟人手的动作，实现对可抓取对象的抓、放和扔动作的工具。

（3）悬停器：模拟鼠标或射线移入对象时的状态变化的工具。

（4）插槽交互器：可抓取对象放入插槽，并被插槽交互器吸附住，可抓取对象上需要有插槽标签属性，并与插槽交互器中的插槽标签匹配。

保险丝抓取设置

3.2 保险丝抓取设置

打开准备好的游戏 3D 模型场景，如图 3-1 所示。

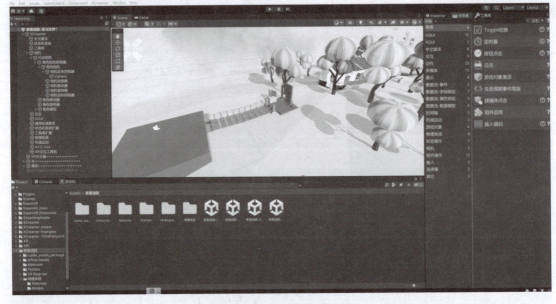

图 3-1 游戏 3D 模型场景

要将保险丝转变为可抓取物体，需要将其设定为可交互物体。首先，在场景中选择保险丝；其次，在"工具库"窗口的右侧选择"可交互对象"下的"可交互实体"选项；最后，选择"在当前选中游戏对象上添加组件"选项，如图 3-2 所示。通过这一系列操作，可以将保险丝设置为可抓取物体。

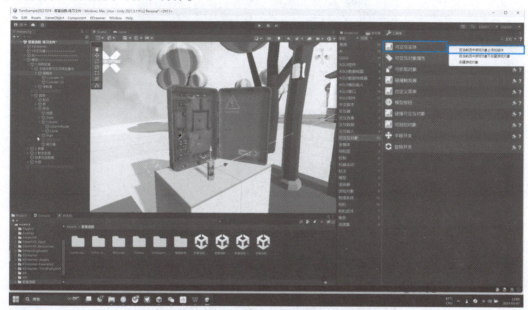

图 3-2　添加保险丝可交互组件

下面将保险丝变成可抓取物体。这需要在"可交互对象"下选择"可抓取对象"选项，然后选择"在当前选中游戏对象上添加组件"选项，如图 3-3 所示。通过上述步骤，保险丝就被成功地转变成了可抓取物体。

图 3-3　添加保险丝可抓取组件

完成以上步骤后，返回到 Inspector 窗口，可以看到已成功添加的可交互对象保险丝的功能选项，如图 3-4 所示。

图 3-4　已成功添加的可交互对象保险丝的功能选项

在场景中添加一个悬停器，如图 3-5 所示。悬停器一旦添加完成，场景中所有可交互的对象都将被明确标识出来。当在游戏场景中触发这些对象时，它们将以高亮的方式显示。

图 3-5　添加悬停器

在"工具库"窗口中选择"交互器"下的"手交互器"选项，这样就可以在场景中添加一个能模拟手部动作的手交互器，如图3-6所示。

图 3-6　添加手交互器

添加手交互器后，就可以实现抓取的功能。手交互器的 Inspector 窗口如图3-7所示。

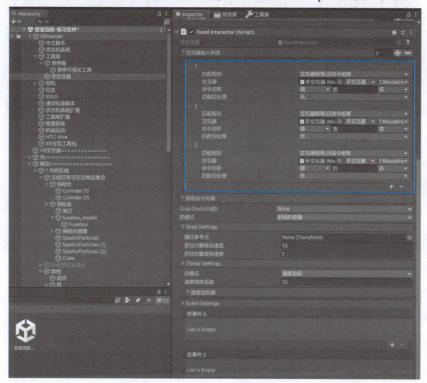

图 3-7　手交互器的 Inspector 窗口

由于手交互器在场景中是无法直接被视觉捕捉的，所以我们额外添加了一个球体来模拟手的位置。将这个球体调整至相机能够捕捉到的合适位置，这样就能够看到"手"的存在。另外，为了确保角色移动时，手交互器能够同步进行移动，我们将手交互器调整至角色相机下方。手交互器的位置如图 3-8 所示。

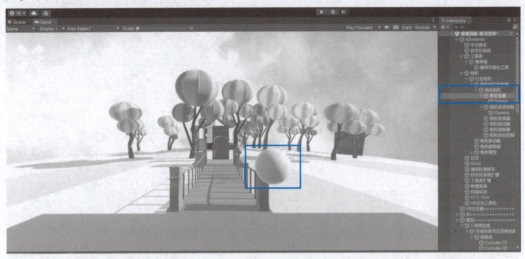

图 3-8　手交互器的位置

此时在 Game 窗口中运行程序，即可实现抓放保险丝的效果，如图 3-9 所示。

图 3-9　抓放保险丝的效果

3.3　保险丝和插槽匹配设置

将保险丝与插槽进行匹配。我们需要借助"交互属性数据源"选项来实现这个连接。在场景中添加"交互属性数据源"选项。在右侧的"工具库"窗口中，可以找到"交互数据"下的"交互属性数据源"选项，选择"创建游戏对象"选项，便可添加"交互属性数据源"，如图 3-10 所示。

保险丝和插槽匹配设置

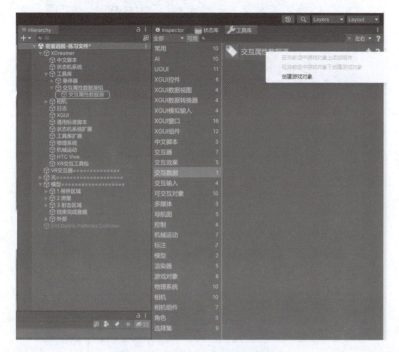

图 3-10 添加"交互属性数据源"

打开"交互属性数据源"的 Inspector 窗口，在"插槽标签"右侧单击➕按钮以添加属性列表。在"属性数据列表"中可以看到"值"选项，在这个列表中添加"保险丝"选项，如图 3-11 所示。

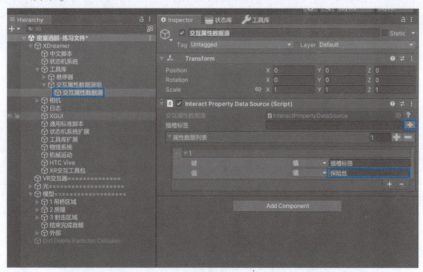

图 3-11 交互属性数据源设置

给保险丝对象添加可交互属性数据源。在 Hierarchy 窗口中找到并选中"保险丝"对象。然后，在 Inspector 窗口中选择"可交互对象属性"，并选择"在当前选中游戏对象上添加组件"选项，如图 3-12 所示。

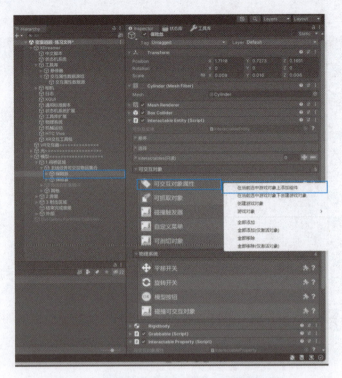

图 3-12　给保险丝对象添加可交互属性数据源

　　成功添加组件之后，Inspector 窗口中将会出现一个新的"交互属性数据源"。在该数据源下的"键"下拉列表框中选择"插槽标签"选项，并在"值"下拉列表框中选择"保险丝"选项。完成这些设置后，单击"交互属性数据源"右侧的"+"按钮，将保险丝与数据源进行连接，如图 3-13 所示。

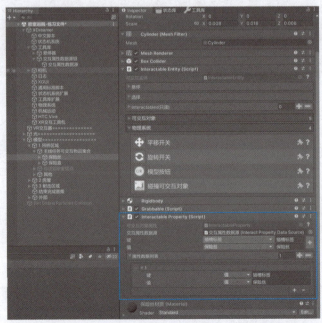

图 3-13　保险丝 Inspector 窗口的交互属性数据源

给插槽添加交互属性。在 Hierarchy 窗口中选择"保险丝插槽"对象，然后转到右侧的"工具库"窗口，选择"交互器"下的"插槽交互器"选项，并选择"在当前选中游戏对象上添加组件"选项，如图 3-14 所示。

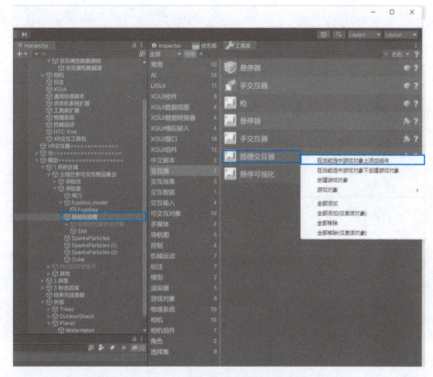

图 3-14 添加保险丝插槽交互器

添加组件后，保险丝插槽的 Inspector 窗口如图 3-15 所示。

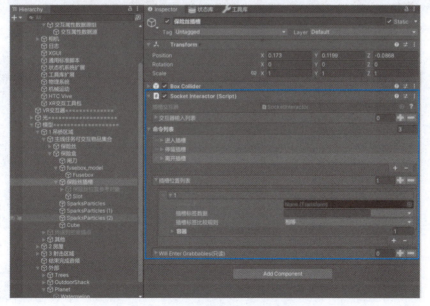

图 3-15 保险丝插槽的 Inspector 窗口

下面把 Hierarchy 窗口中的"保险丝位置参考对象"模型与保险丝插槽进行关联。将该模型添加到保险丝插槽 Inspector 窗口的"插槽位置"中，并在"插槽标签数据"右侧的下拉列表框中选择"保险丝"选项，如图 3-16 所示。

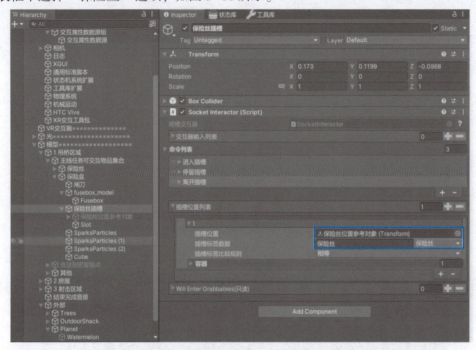

图 3-16　将"保险丝位置参考对象"模型与保险丝插槽进行关联

此时在 Game 窗口中运行程序，发现保险丝已经能和插槽匹配了，如图 3-17 所示。

图 3-17　保险丝和插槽成功匹配

3.4 电闸通电开启传送门

要实现电闸的旋转和通电，随后显示出传送门，需要利用状态机。具体做法是，在"状态机"窗口中单击"新建"按钮 ，新建一个状态机控制器。创建成功后，双击该控制器进行编辑，如图 3-18 所示。

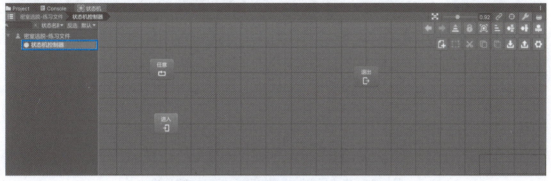

图 3-18 编辑状态机控制器

在右侧的"状态库"窗口中选择"常用"下的"碰撞体点击"选项，如图 3-19 所示。

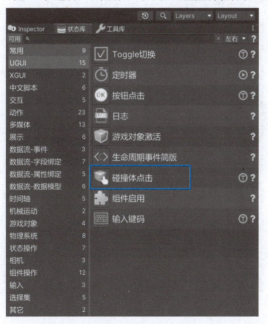

图 3-19 选择"碰撞体点击"选项

创建"碰撞体点击"按钮。此时需要将 Hierarchy 窗口的"闸刀"模型添加到 Inspector 窗口的"碰撞体点击"中。选择"碰撞体点击"选项，将"闸刀"模型拖曳至"游戏对象"中，如图 3-20 所示。

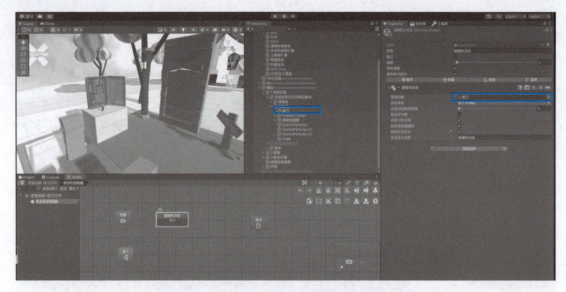

图 3-20 将"闸刀"模型拖曳至"游戏对象"中

　　单击闸刀后，为实现闸刀的旋转，我们需要添加一个对应的动作指令。在右侧的"状态库"窗口中选择"动作"下的"旋转"选项，如图 3-21 所示。

图 3-21 选择"旋转"选项

　　成功创建"旋转"按钮之后，我们还需要调整闸刀的旋转角度。在 Hierarchy 窗口中选择"闸刀"模型，然后在"旋转"按钮的 Inspector 窗口中选择"游戏对象集合"选项，接着选择"批量处理对象"选项。在此处，我们需要将旋转值的 x 轴参数调整为 160，如图 3-22 所示。

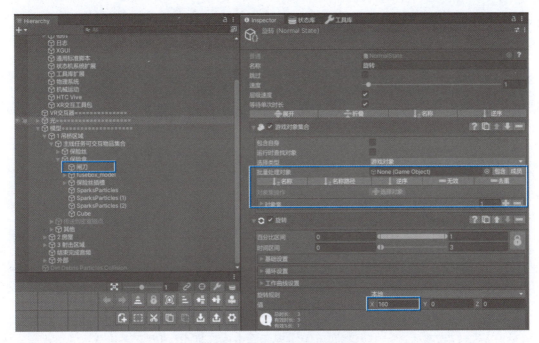

图 3-22　调整闸刀的旋转角度

为了实现传送门的显示，我们需要使用"游戏对象激活"功能。在"状态库"窗口中选择"常用"下的"游戏对象激活"选项，如图 3-23 所示。

图 3-23　选择"游戏对象激活"选项

选择创建好的"游戏对象激活"按钮，在 Hierarchy 窗口中选择"传送到密室锚点"模型，并将其添加到右侧 Inspector 窗口的"游戏对象集合"中。对"游戏对象激活"的设置进行调整，将"初始化激活"设置为"否"，如图 3-24 所示。

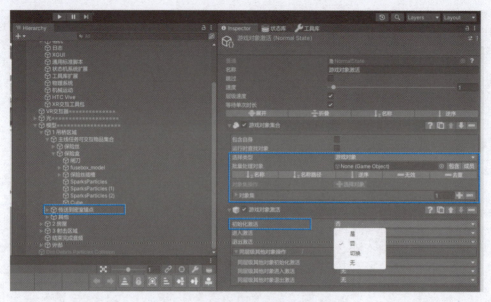

图 3-24　调整"游戏对象激活"设置

在实际运行程序的过程中，我们可以实现闭合电闸、通电，以及呈现传送门的效果。然而，闸刀并没有高亮显示，这是因为我们还未将闸刀设置为可交互实体。实现此设置的步骤非常简单：首先在 Inspector 窗口中选择"闸刀"模型，然后在右侧的"工具库"窗口中选择"可交互对象"下的"可交互实体"选项，最后选择"在当前选中游戏对象上添加组件"选项即可，如图 3-25 所示。完成这个步骤后，闸刀就能正常高亮显示了。

图 3-25　将闸刀设置为可交互实体

3.5　进入传送门跳转至密室

在上一节中，即使保险丝未放置在插槽中，我们依然能够直接单击闸刀进行操作。然而，这并不是我们想要的逻辑。因此，我们需要引入一个条件来限制或判断这个操作：只有在保险丝正确放置在插槽中后，才能进行下一步单击闸刀的操作。

进入传送门跳转至密室

那么，如何实现这个条件限制呢？首先，我们需要进入"状态机"窗口，在右侧的"状态库"窗口中选择"交互"下的"插槽包含比较"选项，创建一个"插槽包含比较"按钮。接着，在"插槽包含比较"的 Inspector 窗口中选择"保险丝插槽"作为插槽交互器，如图 3-26 所示。通过这样的设置，我们就能实现这个条件限制，保证只有在保险丝放置正确后，才能进行下一步的操作。

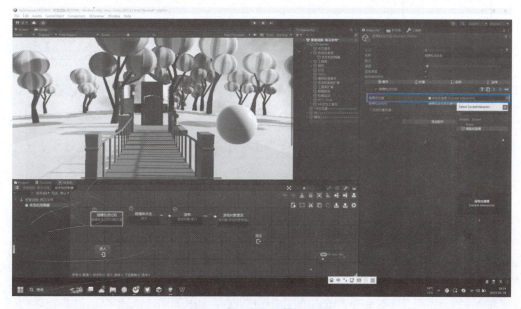

图 3-26　选择插槽交互器

在"插槽包含规则"右侧的下拉列表框中选择"插槽装满"选项，如图 3-27 所示，重新连接并运行程序。

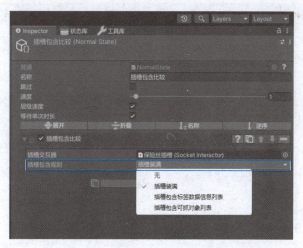

图 3-27　选择"插槽装满"选项

接下来，我们将进入游戏最关键的步骤：进入传送门并直接传送到密室内。如何实现这一效果呢？

传送门需要被设置为一个碰撞体，当玩家通过游戏中的角色或摄像头接触到这个碰撞体时，传送过程就会被触发。

具体操作如下：在 Hierarchy 窗口中选取目标对象，即"传送到密室锚点"模型，在右侧的"工具库"窗口中选择"可交互对象"下的"可交互实体"选项，然后选择"在当前选中游戏对象上添加组件"选项，从而将可交互实体属性添加到传送门模型上，如图 3-28 所示。

完成这些步骤后，传送门就被成功设置为一个碰撞体，可以在玩家接触时触发传送。

图 3-28　将可交互实体属性添加到传送门模型上

接下来，我们需要在 Inspector 窗口中进行进一步的设置。选择"可交互对象"下的"碰撞触发器"选项，然后选择"在当前选中游戏对象上添加组件"选项，为"传送到密室锚点"模型添加碰撞体触发器，如图 3-29 所示。这一步骤赋予了"传送到密室锚点"模型碰撞触发的属性。

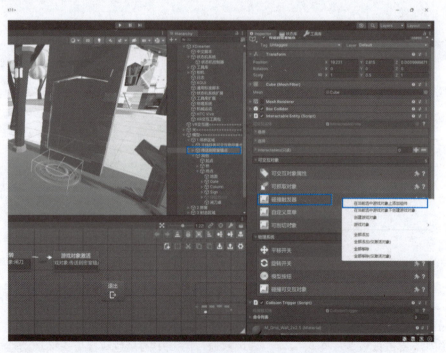

图 3-29　为"传送到密室锚点"模型添加碰撞体触发器

在"状态库"窗口中选择"交互"下的"碰撞触发器事件"选项，创建"碰撞触发器事件"按钮，如图 3-30 所示。

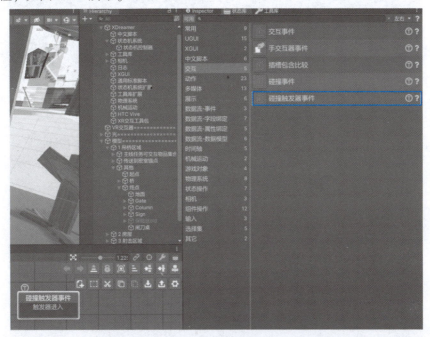

图 3-30 创建"碰撞触发器事件"按钮

在 Inspector 窗口的"碰撞触发器"中添加"传送到密室锚点（Collision Trigger）"选项。在"碰撞器对象"中添加"行走相机（Capsule Collider）"选项，如图 3-31 所示。

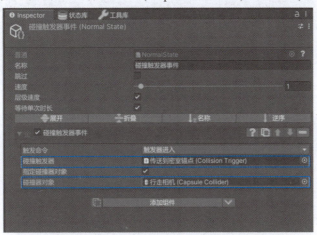

图 3-31 碰撞触发器设置

在"状态库"窗口中选择"游戏对象"下的"对齐游戏对象坐标"选项，创建出一个新的"对齐游戏对象坐标"按钮，如图 3-32 所示。

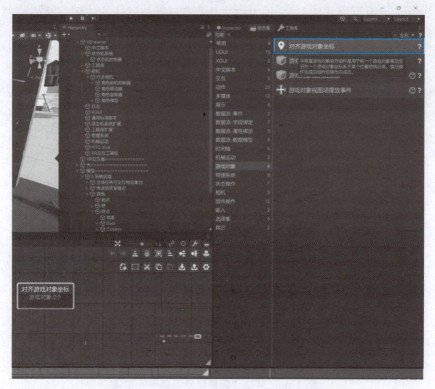

图 3-32　创建"对齐游戏对象坐标"按钮

　　打开"对齐游戏对象坐标"按钮的 Inspector 窗口，在"游戏对象集合"栏添加"行走相机"选项。在"对齐游戏对象坐标"栏的"对齐对象"中添加"从吊起到密室锚点"选项，如图 3-33 所示。

图 3-33　对齐游戏对象坐标设置

连接各按钮，如图 3-34 所示。此时在 Game 窗口运行程序，就可以实现闯关传送了。

图 3-34　连接各按钮

课后作业：

虚拟现实应用开发

项目三　游戏闯关一

班级：_____

姓名：_____

_____学院

作业要求：

阅读项目三中所有课程资料，按照项目步骤和流程逐一上机练习。在练习过程中熟悉各个操作流程，熟悉 XDreamer 平台的高级交互功能、交互属性数据、悬停器、手交互器、插槽交互器、插槽包含比较、对齐游戏对象坐标等功能。回顾碰撞体触发器、碰撞体点击、旋转、游戏对象激活等操作。多动手，多实践，做到熟能生巧，实现多种交互功能。

一、选择题

1. 可以模拟人手的动作，实现抓、放、扔的动作是以下哪个选项？（　　）

A. 悬停器　　　　　　　　　　　B. 手交互器

C. 插槽交互器　　　　　　　　　D. 碰撞体触发器

2. 闯关过程中，实现闸刀闭合动作的是以下哪个选项？（　　）

A. 移动　　　　　　　　　　　　B. 旋转

C. 缩放　　　　　　　　　　　　D. 旋转到

3. 闯关过程中，实现传送门显示的是以下哪个选项？（　　）

A. 游戏对象激活　　　　　　　　B. 插槽包含比较

C. 碰撞体点击　　　　　　　　　D. 碰撞体触发事件

4. 鼠标指针指向可交互对象时，可以实现高亮显示的是以下哪个选项？（　　）

A. 悬停器　　　　　　　　　　　B. 手交互器

C. 碰撞体触发器　　　　　　　　D. 插槽交互器

二、简答题

简述触发器的概念。

三、上机实训

导入项目文件，感受悬停器、手交互器、插槽交互器的具体功用，实现游戏闯关一的各动作。

四、收获与感想

项目四

游戏闯关二

本项目将继续完成游戏闯关的第二个环节，该环节通过设计多层次的交互和任务来提供丰富的游戏体验和教学内容。首先，在基础层面之上，游戏包含一些简单的物理交互，如开抽屉和抓取魔杖，为学生提供一个初步、直观的游戏体验。其次，该环节将引入更为复杂的任务，特别是与锅炉操作相关的内容。学生需要打开锅炉，并在其中合成溶剂，然后使用这些溶剂来开启密室门。在这一阶段，学生还将学习碰撞触发器事件的基础应用，包括如何激活和旋转游戏对象，以及如何设置物体的可抓取性和交互属性数据。最后，本项目将进一步探索一些高级的技术应用，包括使用插槽交互器和其他更复杂的插槽功能。这不仅能够增强游戏的互动性，也能够为学生提供一个平台，使其更深入地了解游戏开发的多个方面。综合来看，本项目通过介绍从基础到高级多个层次的内容，不仅能够丰富游戏的互动性，而且能够为学生提供全面掌握游戏开发相关知识和技能的途径。

知识图谱

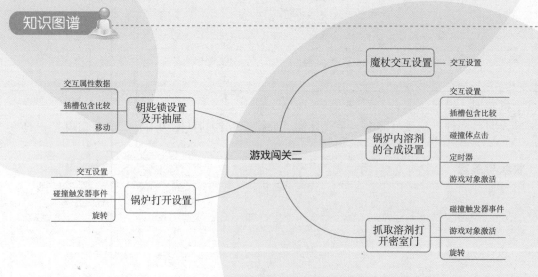

学习要求

为了充分利用本项目的教学和游戏体验价值，学生需要满足一系列学习要求。首先，学生应熟练掌握基础的物理交互方法，如开抽屉和抓取魔杖，以获取初步和直观的游戏体验。其次，学生需要进一步完成与锅炉操作相关的复杂任务，包括打开锅炉、进行溶剂合成和使用溶剂来开启密室门。此外，该环节还涉及碰撞触发器事件的应用，需要学生熟悉如何激活和旋转游戏对象，以及如何设置物体的可抓取性和交互属性数据。最后，学生应探究更高级的技术应用，如使用插槽交互器和其他复杂的插槽功能。除了这些具体的技术和任务，学生还应考虑如何将所学内容综合应用到其他场景。

学习目标

- 了解 XDreamer 平台的高级交互功能
- 掌握并熟练应用交互设置、交互属性数据、插槽包含比较等
- 熟练应用碰撞体触发器、碰撞体点击、旋转、游戏对象激活等工具

素养提升

本项目不仅作为一个技术应用教学平台，而且具备深化学生素质教育和提升综合素质的多重价值。在理想信念与社会责任方面，通过游戏任务设计，如增加需要团队合作的元素，可以引导学生在完成任务的过程中增强对社会责任和集体合作的认识。在国家观念与道德修养层面，游戏环节可以通过故事背景或任务目标，如与国家历史或文化有关的设置，来强化学生的爱国情怀和道德观念。在提升创新能力与解决问题能力方面，多层次的交互和任务设计，特别是引入碰撞触发器事件和插槽交互器等高级功能，不仅有助于提升游戏的互动性，还有助于培养学生的创新思维和解决问题的能力。在人文素养与审美情操方面，本项目可以通过与中华优秀传统文化或社会主义先进文化相关的元素来提高学生的人文素养和审美情操。

综合来看，本项目能够为学生提供一个既富有教育意义，又具备娱乐性的学习体验，有助于培养学生的多维技能，使其更好地服务于社会发展。

实训设备

为进行 Unity 3D 相关的项目开发，需要准备以下两个资源：一台已经安装了 Unity 3D 的计算机；一套游戏 3D 模型。

4.1 钥匙锁设置及开抽屉

钥匙锁设置及开抽屉

经过了关卡一，我们从室外来到了室内，现在发现不能出去了，需要寻找出去的线索。根据闯关游戏设定的规则，我们需要做的第一步就是先用钥匙打开抽屉，拿出图纸，然后根据图纸说明进行下一步的操作。我们先来到室内的桌子前面，如图4-1所示。

图4-1　来到室内的桌子前面

这里首先要把钥匙设置为可交互对象。在场景中单击钥匙模型，在右侧"工具库"窗口中选择"可交互对象"下的"可交互实体"选项，然后选择"在当前选中游戏对象上添加组件"选项，如图4-2所示。

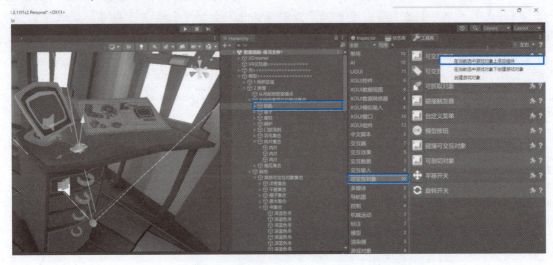

图4-2　选择"在当前选中游戏对象上添加组件"选项1

继续选择"可交互对象"下的"可抓取对象"选项，然后选择"在当前选中游戏对象上添加组件"选项，如图4-3所示。

图 4-3　选择"在当前选中游戏对象上添加组件"选项 2

　　添加组件后，进入"钥匙"的 Inspector 窗口，可以发现刚才添加的组件已经在属性列表里了，如图 4-4 所示。

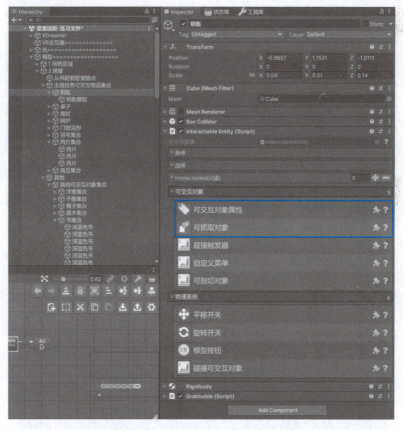

图 4-4　添加的组件在属性列表里

　　在 Hierarchy 窗口中选择"交互属性数据源"选项，在其 Inspector 窗口的"属性数据列表"右侧单击 按钮，添加属性列表，在第 2 个属性数据列表的"值"右侧添加"钥匙"选项，如图 4-5 所示。

图 4-5　交互属性数据源设置

下面继续设置钥匙的属性。在 Hierarchy 窗口中选择"钥匙"模型，在右侧的 Inspector 窗口中选择"可交互对象属性"选项，然后选择"在当前选中游戏对象上添加组件"选项，如图 4-6 所示。

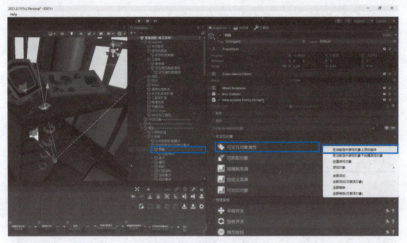

图 4-6　钥匙属性设置

添加组件后，在"交互属性数据源"下方的"键"右侧的下拉列表框中选择"插槽标签"选项，在"值"右侧的下拉列表框中选择"钥匙"选项，然后单击最右侧的 ■ 按钮，完成添加交互属性数据源，如图 4-7 所示。

图 4-7　添加交互属性数据源

　　至此，钥匙的设置就完成了，接下来进行锁的设置。我们需要把钥匙插入锁的插孔，这里的设置就和上一关卡里面的电闸插槽设置一样。还是在 Hierarchy 窗口里找到"锁"模型，在右侧的"工具库"窗口中选择"交互器"下的"插槽交互器"选项，然后选择"在当前选中游戏对象上添加组件"选项，如图 4-8 所示。

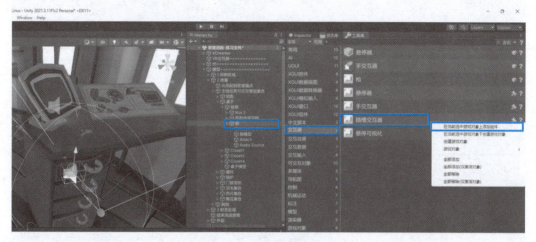

图 4-8　添加插槽交互器

　　进入"锁"的 Inspector 窗口，将 Hierarchy 窗口中的"钥匙位置参考"添加到"插槽位置列表"下的"插槽位置"中，在"插槽标签数据"右侧的下拉列表框中选择"钥匙"选项，在"插槽标签比较规则"右侧的下拉列表框中选择"相等"选项，如图 4-9 所示。

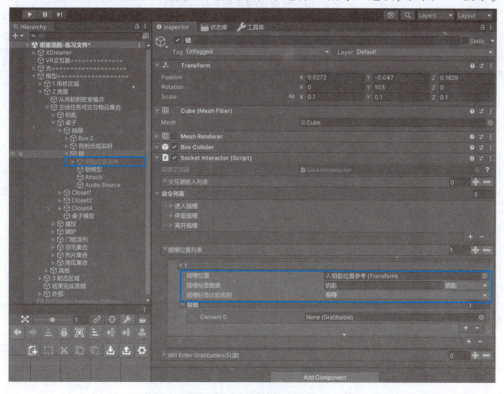

图 4-9　设置插槽交互器

至此，锁的参数也设置好了，接下来就需要给它设置判断，当钥匙插入锁的插孔后，抽屉就能打开了。在"状态库"窗口中选择"交互"下的"插槽包含比较"选项，创建插槽包含比较控制器，如图 4-10 所示。

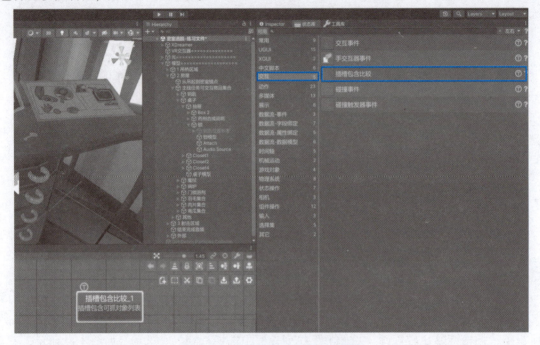

图 4-10　创建插槽包含比较控制器

双击刚才创建好的插槽包含比较控制器，打开 Inspector 窗口，在"插槽包含比较"下的"插槽交互器"中选择"锁（Socket Interactor）"选项，在"插槽包含规则"右侧的下拉列表框中选择"插槽装满"选项，如图 4-11 所示。

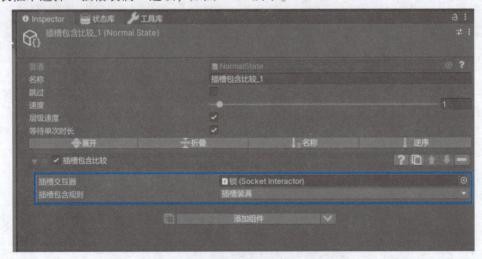

图 4-11　设置插槽包含比较控制器

这时钥匙和锁就匹配好了，可以把抽屉打开了。抽屉打开属于移动动作。在"工具库"窗口中选择"动作"下的"移动"选项，创建移动控制器，如图 4-12 所示。

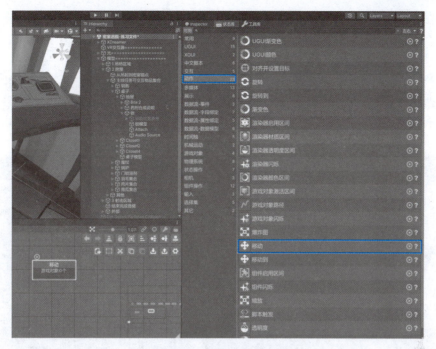

图 4-12 创建移动控制器

双击刚才创建好的移动控制器，打开 Inspector 窗口。将 Hierarchy 窗口中的"抽屉"模型添加到"批量处理对象"中。在"偏移值"栏中，将"元素 1"的 x 轴设置为"0"，将"元素 2"的 x 轴设置为"-0.45"，如图 4-13 所示。

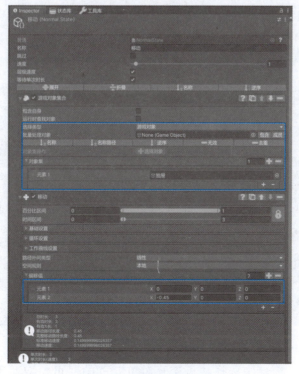

图 4-13 设置移动控制器

此时在 Game 窗口运行程序，就可以实现游戏的设计，将钥匙插入锁的插孔，就可以将抽屉打开了。

4.2　魔杖交互设置

打开抽屉后看到了图纸配方，来到需配置的锅炉前，发现需要用魔杖来打开锅炉盖子。这里就需要先对魔杖进行设置。找到魔杖所在的位置，如图 4-14 所示。

魔杖交互设置

图 4-14　魔杖所在的位置

在 Hierarchy 窗口中找到"魔杖"模型，在右侧的"工具库"窗口中选择"可交互对象"下的"可交互实体"选项，然后选择"在当前选中游戏对象上添加组件"选项，如图 4-15 所示。

图 4-15　设置魔杖可交互实体

继续在"工具库"窗口中选择"可交互对象"下的"可抓取对象"选项，然后选择"在当前选中游戏对象上添加组件"选项，如图 4-16 所示。

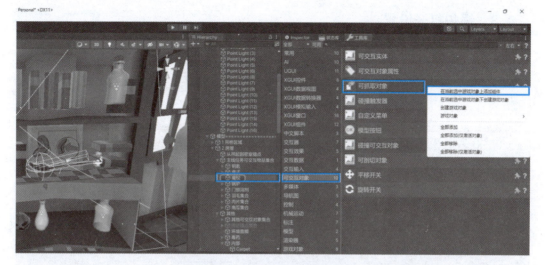

图4-16 设置魔杖可抓取对象

这里需要注意的是，因为魔杖比较长，所以需要给它设置一个抓取的位置。将 Hierarchy 窗口中的"把握点"模型添加到 Inspector 窗口的"抓取点"中，如图4-17所示。

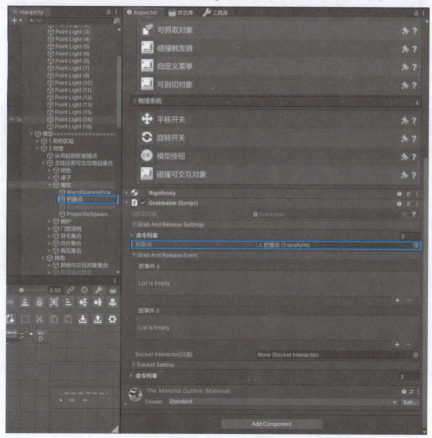

图4-17 设置魔杖抓取点

4.3　锅炉打开设置

在 Hierarchy 窗口中选择"锅盖触发器"模型，在右侧的"工具库"窗口中选择"可交互对象"下的"可交互实体"选项，然后选择"在当前选中游戏对象上添加组件"选项，如图 4-18 所示。

锅炉打开设置

图 4-18　设置锅盖交互

回到 Inspector 窗口，在"可交互对象"栏中找到"碰撞触发器"选项，选择"在当前选中游戏对象上添加组件"选项，如图 4-19 所示。

图 4-19　添加锅盖碰撞触发器

回到"状态机"窗口，在右侧的"状态库"窗口中选择"交互"下的"碰撞触发器事件"选项，创建碰撞触发器事件控制器，如图 4-20 所示。

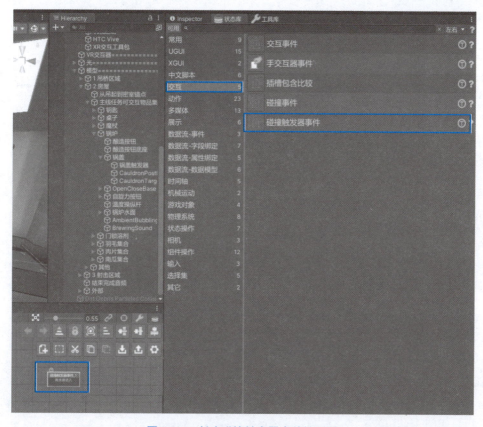

图4-20　创建碰撞触发器事件控制器

双击该控制器，打开 Inspector 窗口，在"碰撞触发器"中添加"锅盖触发器（Collision Trigger）"，在"碰撞器对象"中添加"魔杖（Box Collider）"，如图4-21所示。

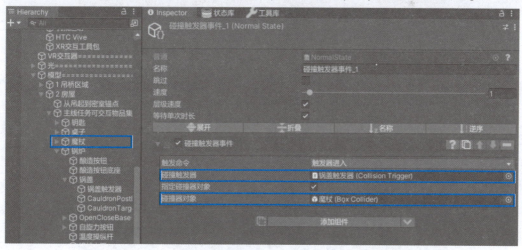

图4-21　设置碰撞触发器事件

在"状态库"窗口中选择"动作"下的"旋转"选项，创建旋转控制器，如图4-22所示。

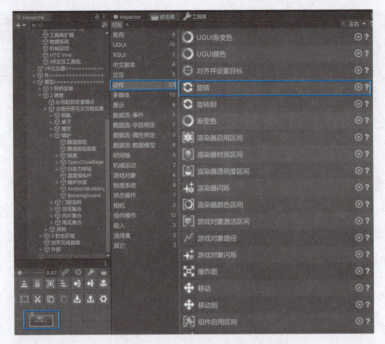

图 4-22　创建旋转控制器

双击旋转控制器，打开 Inspector 窗口。将 Hierarchy 窗口中的"锅盖"模型添加到 Inspector 窗口的"对象集"下的"元素 1"中。将"旋转规则"栏下面的"值"的 x 轴调整为"70"，如图 4-23 所示。

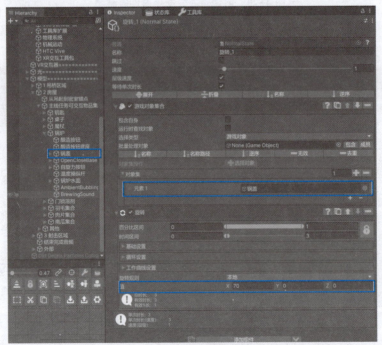

图 4-23　设置旋转控制器

在"状态机"窗口中连接刚才创建的控制器，如图 4-24 所示。

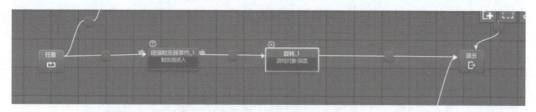

图 4-24　连接控制器

4.4　锅炉内溶剂的合成设置

下面合成溶剂，根据前面的线索（打开抽屉后看到的图纸配方）可知，需要将一个南瓜、一片肉片、一根羽毛放到锅炉里进行合成。这里就需要对南瓜、肉片、羽毛进行可交互对象设置，其操作和前面一样。在 Hierarchy 窗口中选择"南瓜"模型，在右侧的"工具库"窗口中选择"可交互对象"下的"可交互实体"选项，然后选择"在当前选中游戏对象上添加组件"选项，如图 4-25 所示。

锅炉内溶剂的合成设置

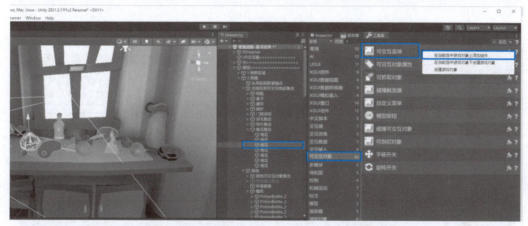

图 4-25　为南瓜添加可交互实体组件

继续选择"可交互对象"下的"可抓取对象"选项，然后选择"在当前选中游戏对象上添加组件"选项，如图 4-26 所示。

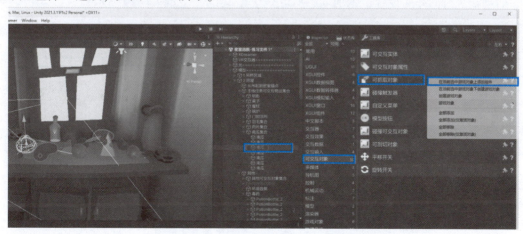

图 4-26　为南瓜添加可抓取对象组件

　　对肉片进行同样的设置。这里因为模型比较多，所以可以同时对多个模型进行设置，按住 Shift 键可以选择多个模型，如图 4-27 所示。

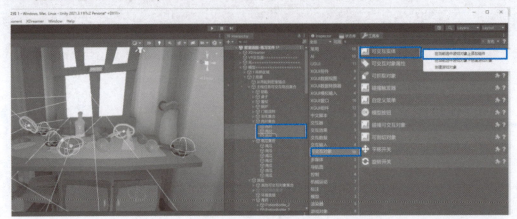

图 4-27　选择多个模型并添加可交互实体组件

　　为肉片添加可抓取对象组件，如图 4-28 所示。

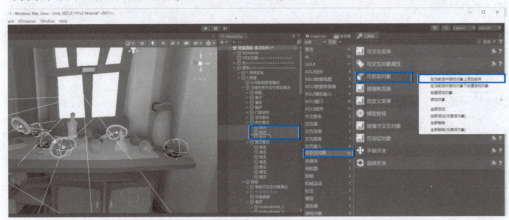

图 4-28　为肉片添加可抓取对象组件

　　对羽毛进行同样的设置，为羽毛添加可交互实体组件，如图 4-29 所示。

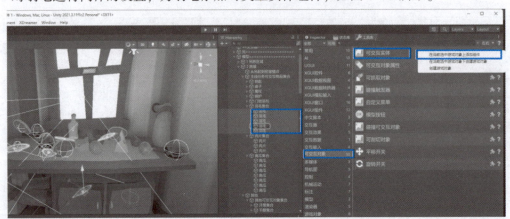

图 4-29　为羽毛添加可交互实体组件

为羽毛添加可抓取对象组件，如图 4-30 所示。

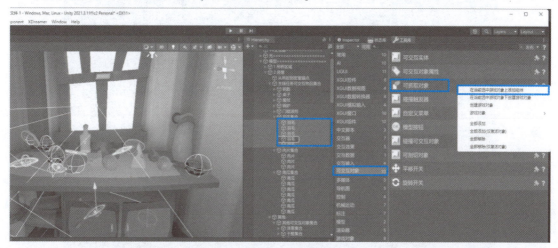

图 4-30　为羽毛添加可抓取对象组件

南瓜、肉片、羽毛设置完后，就需要对锅炉进行设置。这里我们先将锅盖隐藏，方便后续操作。在Hierarchy窗口中选择"锅炉水面"模型，我们需要为它添加插槽交互器组件，此操作实际上是进行一个多模型插槽事件的合成操作，如图 4-31 所示。

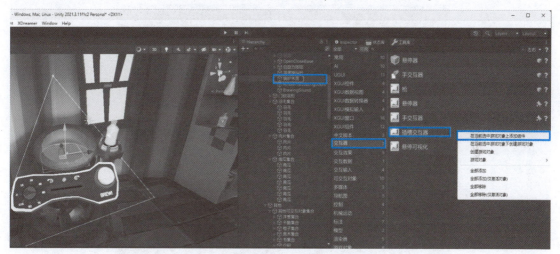

图 4-31　添加锅炉水面插槽交互器组件

在 Hierarchy 窗口中选择"交互属性数据源"选项，在右侧的 Inspector 窗口中添加南瓜、肉片和羽毛插槽标签，如图 4-32 所示。

在Hierarchy窗口中选择所有的"南瓜"模型，在右侧的 Inspector 窗口中选择"可交互对象属性"选项，然后选择"在当前选中游戏对象上添加组件"选项，如图 4-33 所示。

图 4-32　添加南瓜、肉片和羽毛插槽标签

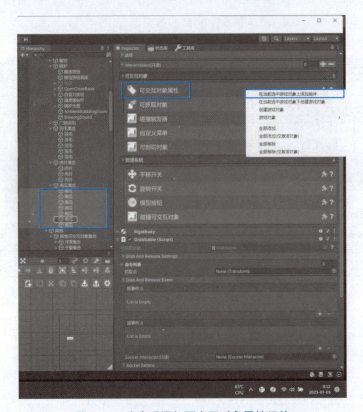

图 4-33　为南瓜添加可交互对象属性组件

　　添加组件后，打开 Inspector 窗口，在"键"右侧的下拉列表框中选择"插槽标签"选项，在"值"右侧的下拉列表框中选择"南瓜"选项，单击最右侧的 ➕ 按钮，添加标签，如图 4-34 所示。

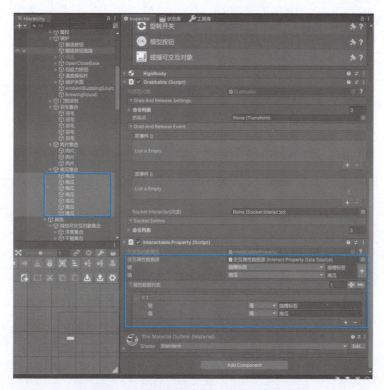

图 4-34　为南瓜添加可交互数据源插槽标签

在 Hierarchy 窗口中选择所有的"肉片"模型，进行同样的操作，如图 4-35 所示。

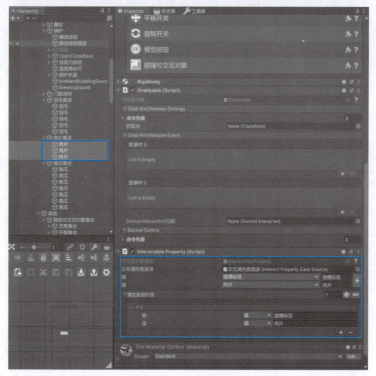

图 4-35　为肉片添加可交互数据源插槽标签

在 Hierarchy 窗口中选择所有的"羽毛"模型，进行同样的操作，如图 4-36 所示。

图 4-36　为羽毛添加可交互数据源插槽标签

回到 Hierarchy 窗口中，选择"锅炉水面"模型，打开 Inspector 窗口，将 Hierarchy 窗口中的"锅炉水面"模型拖曳到右侧 Inspector 窗口中的"插槽位置"，然后设置插槽标签。在"插槽标签数据"右侧的下拉列表框中选择"南瓜""肉片""羽毛"选项，在"插槽标签比较规则"右侧的下拉列表框中选择"相等"选项，如图 4-37 所示。

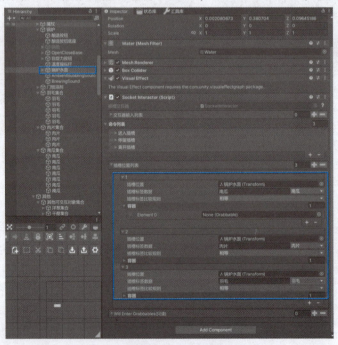

图 4-37　设置锅炉水面的插槽及标签

至此，多模型插槽设置差不多完成了。下面就开始进行程序的判断设置，进入"状态机"窗口，在右侧的"状态库"窗口中选择"交互"下的"插槽包含比较"选项，创建插槽包含比较控制器，如图4-38所示。

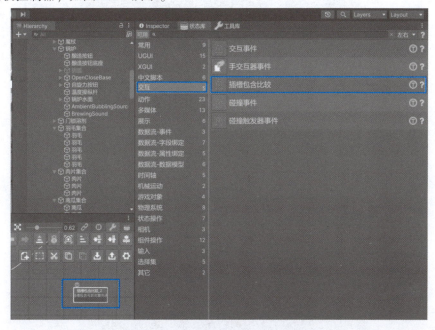

图4-38 创建插槽包含比较控制器

双击创建好的插槽包含比较控制器，打开 Inspector 窗口，在"插槽交互器"中选择"锅炉水面（Socket Interactor）"选项，在"插槽包含规则"右侧的下拉列表框中选择"插槽装满"选项，如图4-39所示。

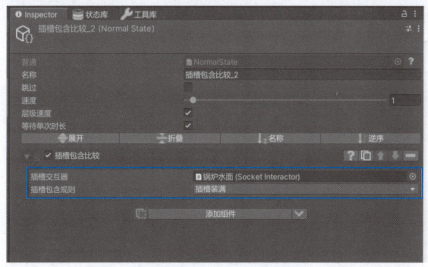

图4-39 设置插槽包含比较控制器

下面进行锅盖关闭动作的设置。这个动作可以直接复制前面设置的锅盖打开动作，稍微调整参数，取消勾选"使用初始化数据"复选框，将"旋转规则"栏下"值"的 x 轴修改为"-70"，这样锅盖就闭合了，如图4-40所示。

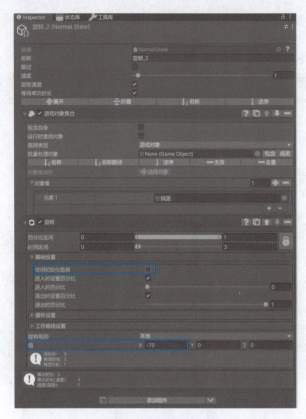

图 4-40　设置锅盖关闭动作

锅盖关闭之后，就需要单击按钮进行合成，这里需要创建一个碰撞体点击控制器。在右侧的"状态库"窗口中选择"常用"下的"碰撞体点击"选项，创建碰撞体点击控制器，如图 4-41 所示。

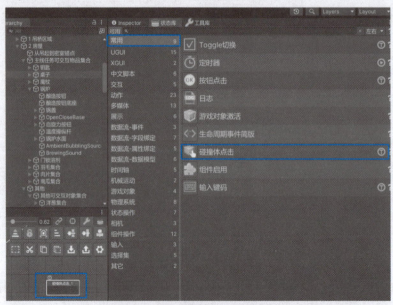

图 4-41　创建碰撞体点击控制器

双击创建好的碰撞体点击控制器，打开 Inspector 窗口，将 Hierarchy 窗口中的"酿造按钮"模型拖曳到"游戏对象"中，如图 4-42 所示。

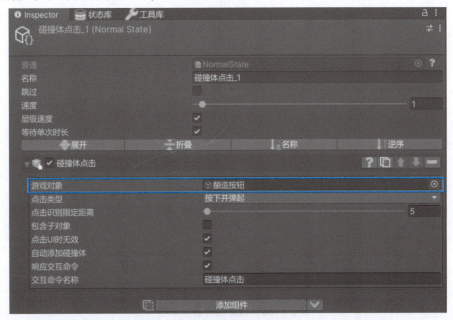

图 4-42　设置碰撞体点击控制器

单击酿造按钮后，就开始合成溶剂，这里需要设置一个合成时间。创建一个定时器，用来控制溶剂的合成时间。选择"状态库"窗口中"常用"下的"定时器"选项，创建一个定时器控制器，如图 4-43 所示。

图 4-43　创建定时器控制器

双击定时器控制器，打开 Inspector 窗口，调整合成时间参数，这里使用默认的 3 s 就可以了，如图 4-44 所示。

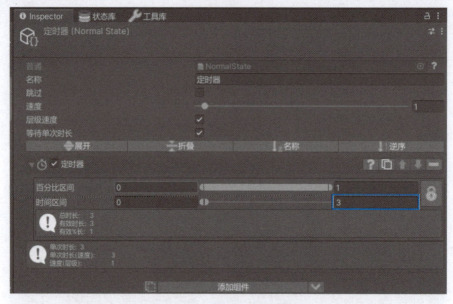

图 4-44　设置定时器控制器

当达到合成时间时，就合成出了一个瓶子。这时需要用游戏对象激活控制器来控制瓶子的显示。在右侧的"状态库"窗口中选择"常用"下的"游戏对象激活"选项，创建游戏对象激活控制器，如图 4-45 所示。

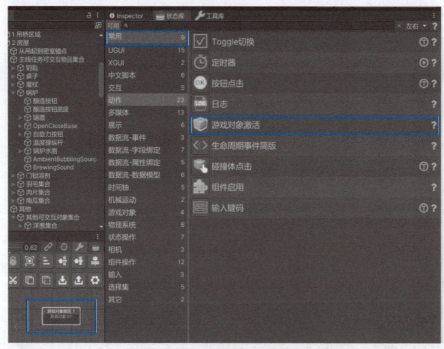

图 4-45　创建游戏对象激活控制器

双击创建好的游戏对象激活控制器，打开 Inspector 窗口。将 Hierarchy 窗口中的"门锁溶剂"模型拖曳到 Inspector 窗口的"批量处理对象"中，在"初始化激活"右侧的下拉列表框中选择"否"选项，在"进入激活"右侧的下拉列表框中选择"是"选项，如图 4-46 所示。

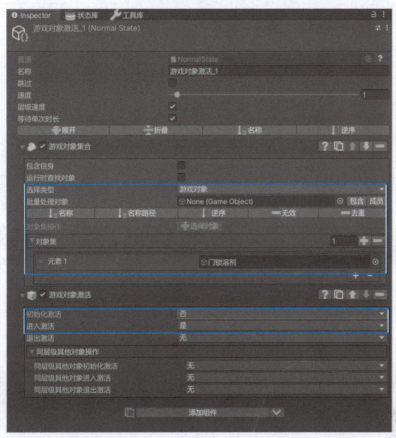

图 4-46　设置游戏对象激活控制器

在"状态机"窗口中将控制器连接好，如图 4-47 所示。

图 4-47　连接控制器

4.5　抓取溶剂打开密室门

至此，门锁溶剂就合成好了，但还不能抓取，下面对其进行抓取设置。在 Hierarchy 窗口中找到"门锁溶剂"右侧的"状态库"窗口，选择"可交互对象"下的"可交互实体"选项，然后选择"在当前选中游戏对象上添加组件"选项，如图 4-48 所示。

抓取溶剂打开密室门

图 4-48 为门锁溶剂添加可交互实体组件

继续在"状态库"窗口中选择"可交互对象"下的"可抓取对象"选项，然后选择"在当前选中游戏对象上添加组件"选项，如图 4-49 所示。

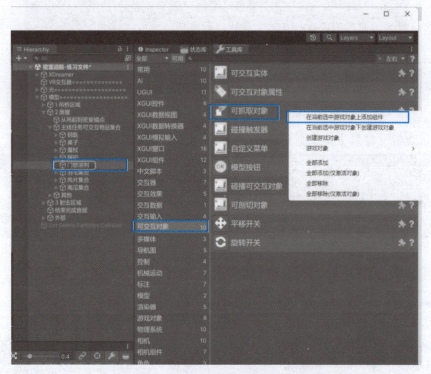

图 4-49 为门锁溶剂添加可抓取对象组件

　　门锁溶剂设置好后，接下来设置开门动作。这里是把溶剂倒入门锁来开门，其实就是一个碰撞过程，因此需要对门锁进行设置。在 Hierarchy 窗口中找到"门锁触发器"模型，在右侧的"状态库"窗口中选择"可交互对象"下的"可交互实体"选项，然后选择"在当前选中游戏对象上添加组件"选项，如图 4-50 所示。

图 4-50　为门锁触发器添加可交互实体组件

　　仍然在 Hierarchy 窗口中选择"门锁触发器"模型，在 Inspector 窗口中选择"可交互对象"栏下的"碰撞触发器"选项，然后选择"在当前选中游戏对象上添加组件"选项，如图 4-51 所示。

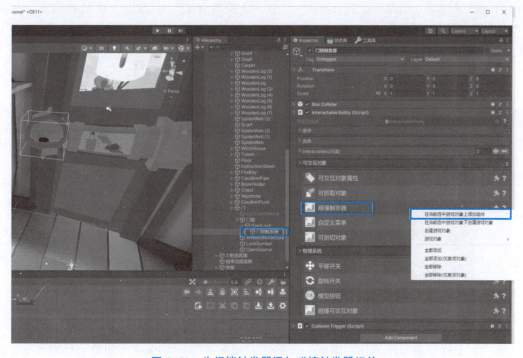

图 4-51　为门锁触发器添加碰撞触发器组件

进入"状态机"窗口，在右侧的"状态库"窗口中选择"交互"下的"碰撞触发器事件"选项，创建碰撞触发器事件控制器，如图4-52所示。

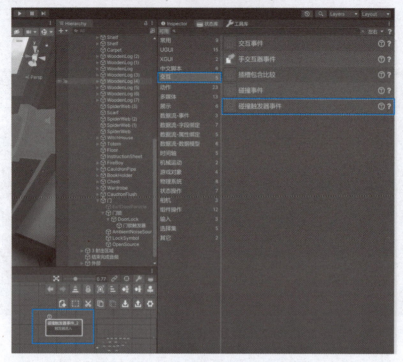

图4-52　创建碰撞触发器事件控制器

双击刚才创建好的碰撞触发器事件控制器，打开Inspector窗口。在"碰撞触发器"中添加"门锁触发器（Collision Trigger）"，在"碰撞器对象"中添加"溶剂玻璃瓶（Mesh Collider）"，如图4-53所示。

图4-53　设置碰撞触发器事件控制器

在"状态库"窗口中选择"常用"下的"游戏对象激活"选项，创建游戏对象激活控制器，如图4-54所示。

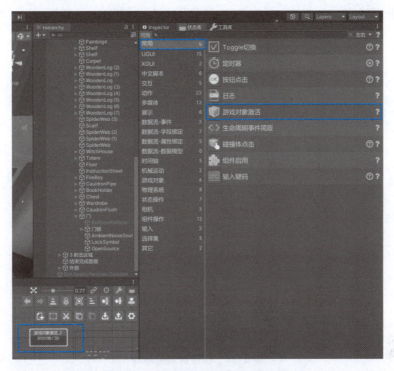

图 4-54 创建游戏对象激活控制器

双击刚才创建好的游戏对象激活控制器，打开 Inspector 窗口，将"门锁"模型（它和"门"模型、整体场景模型都是预先在 3D 模型软件中创建好的）添加到"批量处理对象"中，在"进入激活"右侧的下拉列表框中选择"否"选项，如图 4-55 所示。

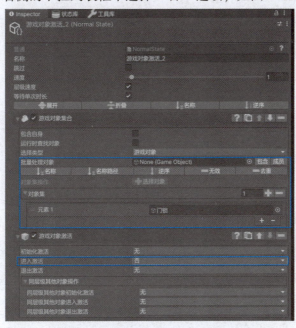

图 4-55 设置游戏对象激活控制器

下面设置把门打开的动作。在右侧的"状态库"窗口中选择"动作"下的"旋转"选项，创建旋转控制器，如图 4-56 所示。

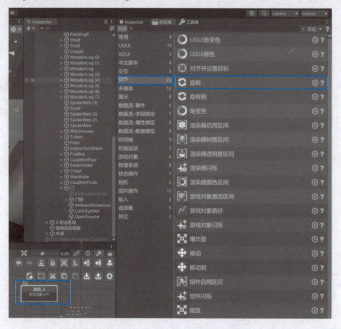

图 4-56　创建旋转控制器

　　双击刚才创建好的旋转控制器，打开 Inspector 窗口，将"门"模型添加到"批量处理对象"中，将"旋转规则"栏下的 y 轴设置为"90"，如图 4-57 所示。

图 4-57　设置旋转控制器

在"状态机"窗口中将已创建的控制器连接起来，如图 4-58 所示。

图 4-58　连接控制器

此时在 Game 窗口运行程序，就可以实现打开密室门的操作了。

课后作业：

虚拟现实应用开发

项目四　游戏闯关二

班级：＿＿＿＿＿＿＿＿

姓名：＿＿＿＿＿＿＿＿

＿＿＿＿＿＿＿＿学院

作业要求：

阅读项目四中所有课程资料，按照项目步骤和流程逐一上机练习。在练习过程中熟悉各个操作流程，熟悉 XDreamer 平台的高级交互功能、交互属性数据、插槽交互器、插槽包含比较等功能。掌握碰撞触发器事件、旋转、游戏对象激活、物体可抓取等设置。多动手，多实践，做到熟能生巧，举一反三，实现多种交互功能。

一、选择题

1. 锁的设置用到了工具库中的以下哪个选项？（　　　）

A. 手交互器 　　　　　　　　　　　B. 悬停器

C. 插槽交互器 　　　　　　　　　　D. 悬停可视化

2. 打开抽屉的判断用到了"状态库"窗口中的以下哪个选项？（　　　）

A. 交互器事件 　　　　　　　　　　B. 手交互器事件

C. 插槽包含比较 　　　　　　　　　D. 碰撞事件

3. 开、关锅盖和门用到以下哪个动作选项？（　　　）

A. 旋转 　　　　　　　　　　　　　B. 旋转到

C. 移动 　　　　　　　　　　　　　D. 移动到

4. 在本项目中使用插槽包含比较时，插槽包含规则是以下哪个选项？（　　　）

A. 无 　　　　　　　　　　　　　　B. 插槽包含标签数据信息列表

C. 插槽装满 　　　　　　　　　　　D. 插槽包含可抓对象列表

二、简答题

简述物体可抓取需要进行哪两项设置。

三、上机实训

导入项目文件，按 4.1~4.5 节的顺序步骤来实现。

四、收获与感想

项目五

游戏闯关三

▶▶

项目简介

本项目聚焦游戏闯关的第三个环节，旨在通过实际操作和交互让学生掌握 XDreamer 平台的多个高级交互功能。这一环节的核心任务是创建手枪并进行射击操作。从技术层面来看，本项目首先引入碰撞可交互对象，以提供更真实的射击和碰撞体验，随后通过粒子对象设置，进一步丰富游戏的视觉效果。此外，开启物理系统也为模拟真实的物体运动和互动提供支持。在控制方面，手枪的射击和其他操作是通过输入键码来实现的，同时利用生命周期事件简版来管理游戏状态和对象行为。综合来说，本项目不仅能够增强游戏的娱乐性，还能够通过综合应用多个高级模块，提升学生在技术应用方面的能力。

知识图谱

```
交互设置 ─┐
音频设置 ─┼─ 啤酒瓶设置 ──┐                         ┌── 手枪的创建及手枪 ─┬─ 交互设置
碰撞可交互对象的添加 ─┘              │                         │    模型的替换      └─ 替换设置
                              游戏闯关三
粒子特效设置 ─┐                       │
输入键码 ─────┤                       │
生命周期事件简版 ─┼─ 打靶设置、火花 ──┘              └── 程序打包输出可
粒子系统 ─────┤    粒子设置及退出                        执行文件
游戏对象激活 ─┘    程序设置
```

学习要求

为成功完成本项目并充分掌握其教育目标，学生需要遵循一系列的学习要求。首先，学生应当明确了解本项目的核心任务，即通过 XDreamer 平台的高级交互功能来创建手枪并进行射击操作。其次，在技术层面，学生需要掌握碰撞可交互对象以实现更真实的射击和碰撞体验，应用粒子对象设置来丰富游戏的视觉效果，并了解如何开启和使用物理

系统以模拟真实的物体运动和互动。再次，在操作和控制方面，学生应熟练使用输入键码进行手枪的射击和其他操作，并需要了解和应用生命周期事件简版来有效管理游戏状态和对象行为。最后，在综合应用能力方面，学生应能整合利用这些高级应用模块，从而不仅能增强游戏的娱乐性，而且能在技术应用方面展示出高度的能力和熟练度。综合这些学习要求，学生将能全面而有效地掌握本项目的核心技术和应用，进而提升自己在技术应用方面的综合能力。

学习目标

- 熟练掌握 XDreamer 平台的高级交互功能
- 熟练掌握物理系统中碰撞可交互对象的设置方法
- 能熟练完成粒子系统、输入键码、生命周期事件简版的高级设置

素养提升

本项目是一个具有多重目标的综合性平台，主要通过高级技术应用和游戏化设计实现以下两大核心目标：深化思想政治教育和提升学生综合素质。在深化思想政治教育方面，本项目通过精心设计的游戏任务和背景，引导学生深入理解社会主义核心价值观，从而坚定对中国特色社会主义的信仰。同时，通过融入与国家历史和文化相关的元素，如具有文化象征意义的手枪模型，本项目能够强化学生的国家意识，此外，通过强调游戏中的规则和公平竞争，教育学生遵守社会公德和职业道德。在提升学生综合素质方面，本项目涵盖包括碰撞可交互对象和物理系统在内的多个高级应用，以培养学生的创新精神和解决问题的能力。此外，通过故事情节和人物设计，本项目也促使学生深入了解和欣赏中华优秀传统文化及社会主义先进文化。

实训设备

为进行 Unity 3D 相关项目开发，需要准备以下两个资源：一台已经安装了 Unity 3D 的计算机；一套游戏 3D 模型。

5.1 手枪的创建及手枪模型的替换

打开"工具库"窗口，选择"交互器"下的"枪"选项，就可以创建手枪模型，如图 5-1 所示。

手枪的创建及手枪
模型的替换

图 5-1　创建手枪模型

这里需要注意的是，创建的手枪模型位于系统的原点位置，如图 5-2 所示。

图 5-2　手枪模型位于系统的原点位置

因为需要先做测试，所以可以把手枪模型移动到游戏的起点位置，如图 5-3 所示。直接运行程序，发现可以用手枪进行射击了。

图 5-3　把手枪模型移动到游戏的起点位置

可以看到，系统创建的手枪模型很简陋，可以将其替换为我们已经创建好的比较精致的手枪模型。只需要将精致的手枪模型拖曳到系统创建的手枪模型下作为子集，并和系统模型对齐，然后将系统创建的手枪模型隐藏即可，如图 5-4 所示。

图 5-4　替换精致的手枪模型

这里需要隐藏的手枪模型就是系统中的 Cube 和 Cube（1）。取消勾选 Inspector 窗口中的 Mesh Renderer 复选框，如图 5-5 所示。

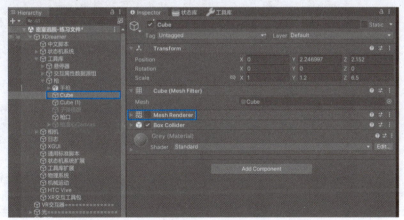

图 5-5　隐藏系统中的手枪模型

还需要注意的是，这里添加的精致手枪模型属于一个预制体，很多时候是不可编辑的。可以看到，在 Hierarchy 窗口中，手枪模型前面的符号是 ▶ 🔷手枪 ，需要将其解除预制体状态。选中该手枪模型，右击，在弹出的快捷菜单中选择 Prefab→Unpack 命令，即可解除预制体状态，如图 5-6 所示。

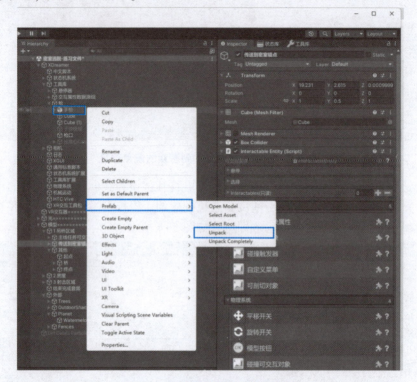

图 5-6　解除手枪模型预制体状态

解除预制体状态后，手枪模型前面的符号就变为 ▶ 🔷手枪 ，这时就可以对其编辑了。将 Assets 文件夹里的材质赋予手枪模型，如图 5-7 所示。

图 5-7　赋予手枪模型材质

5.2　啤酒瓶设置

在 Project 窗口中找到 Assets 文件夹下模型文件中准备好的啤酒瓶模型，这里使用的是一个完整的啤酒瓶模型，将其拖曳到 Hierarchy 窗口中。在场景里面，模型都是直接出现在系统原点的，如图 5-8 所示。

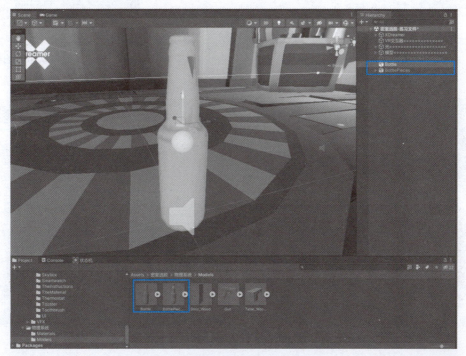

图 5-8　啤酒瓶模型出现在系统原点

这里拖曳的啤酒瓶模型也属于预制体，先对它解除预制体状态。在 Hierarchy 窗口中选中啤酒瓶模型，右击，在弹出的快捷菜单中选择 Prefab→Unpack 命令，如图 5-9 所示。

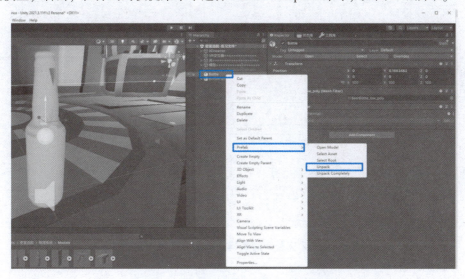

图 5-9　解除啤酒瓶模型的预制体状态

解除预制体状态后，模型前面的标识就变得和其他模型一样，如图 5-10 所示。

先将破碎啤酒瓶模型隐藏，对完整啤酒瓶模型进行设置。在 Hierarchy 窗口中选中完整啤酒瓶模型，在右侧的"工具库"窗口中选择"可交互对象"下的"可交互实体"选项，然后选择"在当前选中游戏对象上添加组件"选项，如图 5-11 所示。

图 5-10　解除预制体状态后的模型标识

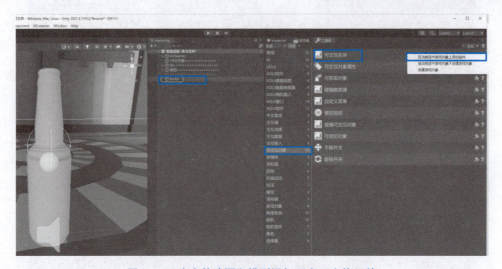

图 5-11　为完整啤酒瓶模型添加可交互实体组件

继续在"工具库"窗口中选择"可交互对象"下的"可抓取对象"选项，然后选择"在当前选中游戏对象上添加组件"选项，如图 5-12 所示。

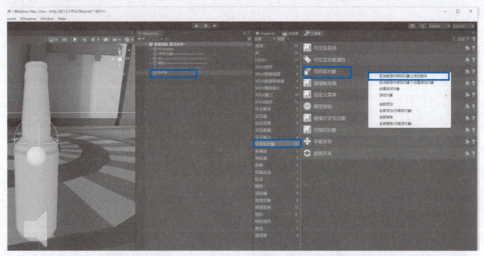

图 5-12　为完整啤酒瓶模型添加可抓取对象组件

这里还需要为完整啤酒瓶模型添加一个组件，即碰撞可交互对象。这个对象的作用就是当我们射击时，子弹和它产生撞击时的交互，从而产生瓶子破碎的效果。选中该啤酒瓶模型，打开 Inspector 窗口，在"物理系统"栏下选择"碰撞可交互对象"选项，然后选择"在当前选中游戏对象上添加组件"选项，如图 5-13 所示。

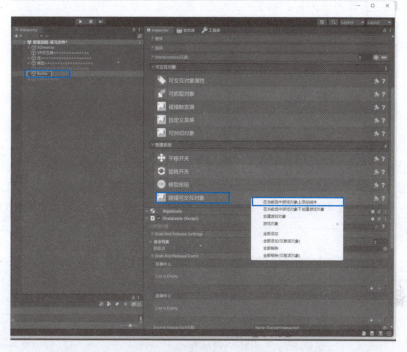

图 5-13　为完整啤酒瓶模型添加碰撞可交互对象组件

添加组件后，打开 Inspector 窗口。这里需要调整的地方是 Collision Enter Settings 栏下的"进入相对最小速度值"选项，这是调整碰撞啤酒瓶的易碎程度的参数，该值越大，啤酒瓶越不容易破碎。还有一个需要调整的地方是"碰撞音频剪辑"选项，它用来调整碰撞的时候瓶子破碎的声音。调整后的值如图 5-14 所示。

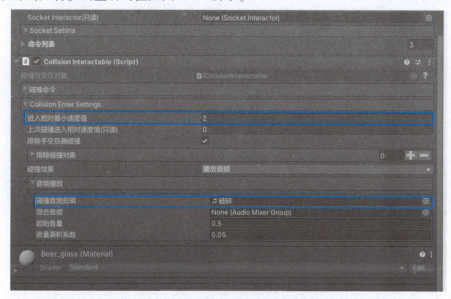

图 5-14　设置完整啤酒瓶模型碰撞可交互对象

继续在 Inspector 窗口的"碰撞效果"右侧的下拉列表框中选择"激活或销毁游戏对象，播放音频"选项，将下面的"操作规则"设置为"激活游戏对象"，"激活"设置为"否"，如图 5-15 所示。这样当子弹碰到啤酒瓶后，完整的瓶子就被隐藏起来。

图 5-15　设置完整啤酒瓶模型激活游戏对象

回到场景中，把完整啤酒瓶模型进行隐藏，显示出破碎啤酒瓶，需要对其添加一个刚体属性，这样它才能参加物理系统的碰撞。在 Hierarchy 窗口中选择破碎啤酒瓶模型，在菜单栏中选择 Component 菜单 Physics 子菜单中的 Rigidbody 命令，为其添加刚体属性，如图 5-16 所示。

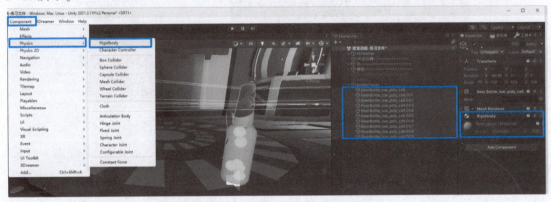

图 5-16　为破碎啤酒瓶添加刚体属性

选择完整啤酒瓶模型，在 Inspector 窗口的"碰撞效果"右侧的下拉列表框中选择"粉碎"选项，然后在下面的"原型碎块"中添加破碎啤酒瓶模型，如图 5-17 所示。

图 5-17　添加破碎啤酒瓶模型

到这里，啤酒瓶模型基本就设置得差不多了。下面再稍微调整啤酒瓶的材质，如图 5-18 所示。

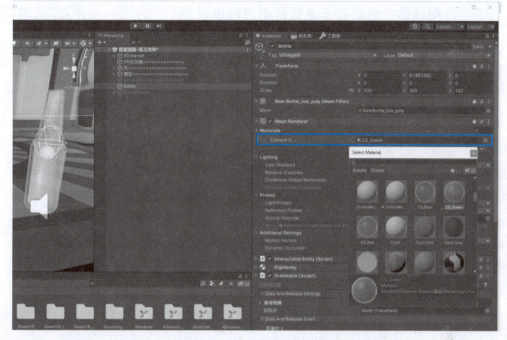

图 5-18　调整啤酒瓶的材质

　　注意，这里还有最后一项，我们需要给啤酒瓶模型添加一个碰撞体，否则程序在运行的时候，它会掉落以至于看不到。在菜单栏中选择 Component 菜单 Physics 子菜单中的 Box Collider 命令，如图 5-19 所示。

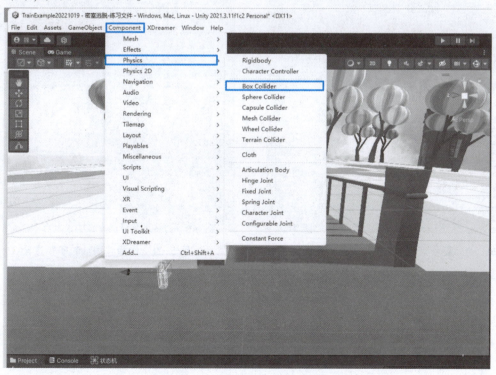

图 5-19　为啤酒瓶模型添加碰撞体

5.3　打靶设置、火花粒子设置及退出程序设置

把预设好的打靶模型移动到桥头，为其添加碰撞可交互对象，并添加碰撞时的音频，如图 5-20 所示。

在 Inspector 窗口的"碰撞效果"右侧的下拉列表框中继续选择"播放粒子"选项，如图 5-21 所示。

图 5-20　为打靶模型添加碰撞可交互对象组件及音频　　　**图 5-21　选择"播放粒子"选项**

至此，基本射击区域的设置就完成了。下面把前面保险丝插槽的粒子系统设置显示出来。进入"状态机"窗口，在"状态库"窗口中选择"多媒体"下的"粒子系统"选项，创建粒子系统控制器，如图 5-22 所示。

图 5-22　创建粒子系统控制器

双击新创建的粒子系统控制器，打开 Inspector 窗口。将 Hierarchy 窗口中的 SparksParticles 粒子模型拖曳到 Inspector 窗口的"粒子系统"中，将"循环类型"调整为"循环"，勾选"重新启动"复选框，如图 5-23 所示。

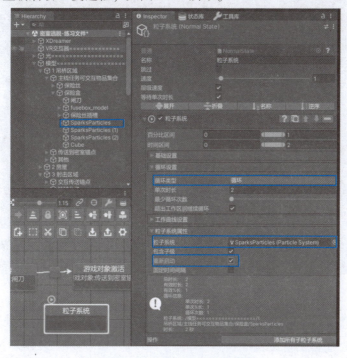

图 5-23　设置粒子系统控制器

在"状态机"窗口中将粒子系统控制器复制两个，重新匹配好对应的粒子模型，并连接好，如图5-24所示。

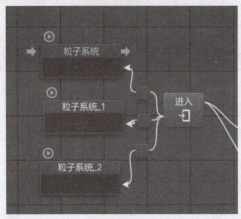

图5-24 连接粒子系统控制器

至此，火花就设置好了。当用户进入游戏时，就开始播放火花，直到保险丝放入插槽，就隐藏火花。这里还需要添加一个游戏对象激活控制器。在"状态库"窗口中选择"常用"下的"游戏对象激活"选项，创建游戏对象激活控制器，如图5-25所示。

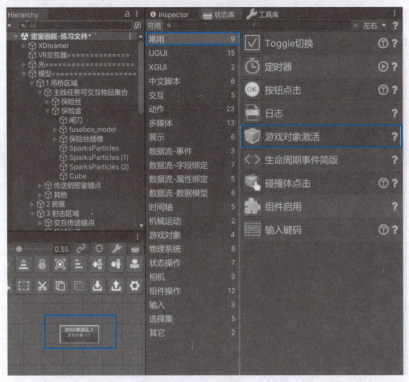

图5-25 创建游戏对象激活控制器

双击新创建的游戏对象激活控制器，打开 Inspector 窗口。在"批量处理对象"中添加粒子模型，在"进入激活"右侧的下拉列表框中选择"否"选项，如图5-26所示。

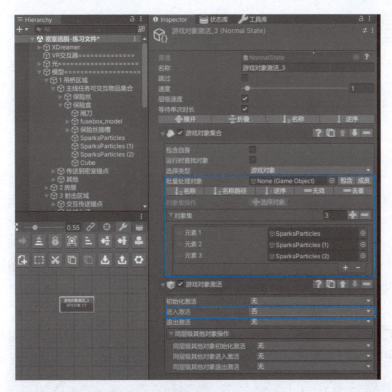

图 5-26　设置游戏对象激活控制器

将游戏对象激活控制器和插槽包含比较控制器连接，如图 5-27 所示。此时在 Game 窗口运行程序，即可观察到火花的设置。

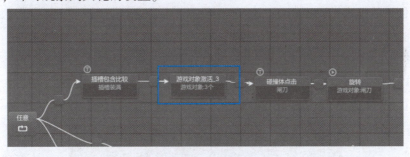

图 5-27　连接控制器

至此，游戏内容基本设置完成，接下来进行游戏退出的设置。回到"状态机"窗口，新建一个状态机控制器，如图 5-28 所示。

图 5-28　新建状态机控制器

双击新建的状态机控制器，在"状态库"窗口中选择"常用"下的"输入键码"选项，创建输入键码控制器，如图 5-29 所示。

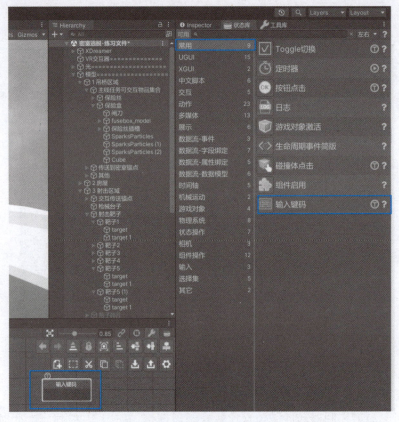

图 5-29 创建输入键码控制器

双击新创建的输入键码控制器，打开 Inspector 窗口，在"键码"栏下的"元素 1"右侧的下拉列表框中选择退出键 Escape，如图 5-30 所示。

图 5-30 设置输入键码控制器

继续在"状态库"窗口中选择"常用"下的"生命周期事件简版"选项，创建生命周期事件简版控制器，如图 5-31 所示。

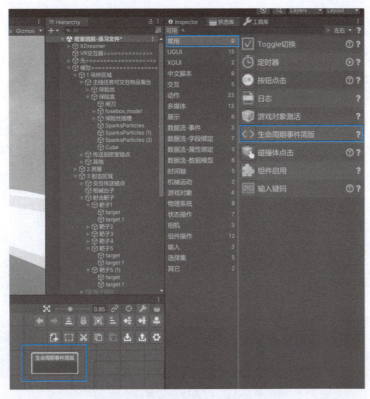

图 5-31　创建生命周期事件简版控制器

双击新创建的生命周期事件简版控制器，打开 Inspector 窗口，在"脚本事件函数集合"栏下的"枚举值"右侧的下拉列表框中选择"进入"选项，在下方选择"关闭程序"选项。这里选择"关闭程序"选项，是因为中文脚本里预定义的就是这个词组，如图 5-32 所示。

在"状态机"窗口中连接控制器，如图 5-33 所示。

图 5-32　设置生命周期事件简版控制器

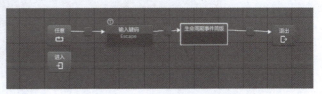

图 5-33　连接控制器

5.4 程序打包输出可执行文件

下面打包输出可执行文件。将文件保存，然后选择菜单栏 File 菜单下的 Build Settings 命令，如图 5-34 所示。

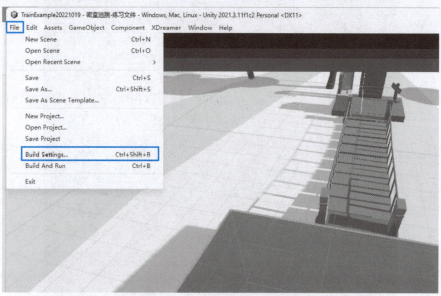

图 5-34 打包输出可执行文件

在出现的对话框中进行文件输出设置，如图 5-35 所示。

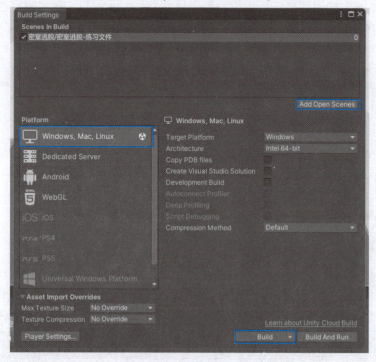

图 5-35 文件输出设置

设置好后，单击 Build 按钮，打开 Build Windows 对话框，如图 5-36 所示。

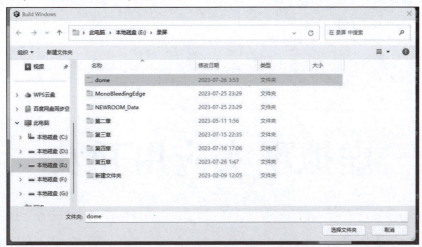

图 5-36　Build Windows 对话框

选择一个文件夹，然后单击"选择文件夹"按钮，就开始进行打包输出了，最终输出的文件如图 5-37 所示。

名称	修改日期	类型	大小
MonoBleedingEdge	2023-07-26 4:04	文件夹	
NEWROOM_Data	2023-07-26 4:04	文件夹	
NEWROOM.exe	2023-07-26 4:04	应用程序	639 KB
UnityCrashHandler64.exe	2023-07-26 4:04	应用程序	1,098 KB
UnityPlayer.dll	2023-07-26 4:04	应用程序扩展	28,483 KB

图 5-37　最终输出的文件

至此，一个完整的游戏就制作好了，双击 NEWROOM.exe 文件，就可以开始游戏了。

课后作业：

虚拟现实应用开发

项目五　游戏闯关三

班级：_____

姓名：_____

_____学院

作业要求：

　　阅读项目五中所有课程资料，按照项目步骤和流程逐一上机练习。在练习过程中熟悉各个操作流程，创建手枪模型，并用精致的手枪模型替代，进行射击。通过闯关小游戏开启物理系统，掌握碰撞可交互对象、粒子对象、输入键码、生命周期事件简版等 XDreamer 平台的高级应用。多动手，多实践，做到熟能生巧，举一反三，实现多种交互功能。

一、选择题

　　1. 啤酒瓶的设置用到了物理系统中的以下哪个选项？（　　　）

　　A. 平移开关　　　　　　　　　　B. 旋转开关

　　C. 碰撞可交互对象　　　　　　　D. 模型按钮

　　2. 手枪模型的创建用了交互器中的以下哪个选项？（　　　）

　　A. 悬停器　　　　　　　　　　　B. 手交互器

　　C. 枪　　　　　　　　　　　　　D. 插槽交互器

　　3. 火花显示用到了多媒体中的以下哪个选项？（　　　）

　　A. 粒子系统　　　　　　　　　　B. 循环动画

　　C. 单一动画　　　　　　　　　　D. 区间动画

　　4. 退出控制器用到了中文脚本中的以下哪个选项？（　　　）

　　A. 变量修改　　　　　　　　　　B. 变量比较

　　C. 变量赋值　　　　　　　　　　D. 生命周期事件简版

二、简答题

　　简述解除场景中添加的预制体设置的过程。

三、上机实训

　　导入项目文件，按 5.1~5.4 节的顺序步骤来实现。

四、收获与感想

项目六

引擎拆卸一

项目简介

本项目的主要目标是实现一个引擎的拆卸展示，整体流程可以分为以下关键阶段。首先，在前期准备阶段，项目涉及策划设计和资源准备，其中策划设计主要包括交互方案的规划，而资源准备是指为后续开发工作准备必要的素材和工具。其次，在制作阶段，项目团队进行场景的编辑和整合，以确保所有视觉元素和交互功能可在一个统一的环境中运行。再次，在交互设计阶段，项目主要使用 XDreamer 进行交互制作，将前两个阶段准备的各种资源和场景进行有机结合，实现预定的交互效果。最后，在项目发布阶段，对完成的项目进行最终的发布，以便让用户能够看到这一拆卸展示。通过这几个关键阶段，项目将会展示一个完整的引擎拆装的制作过程。

知识图谱

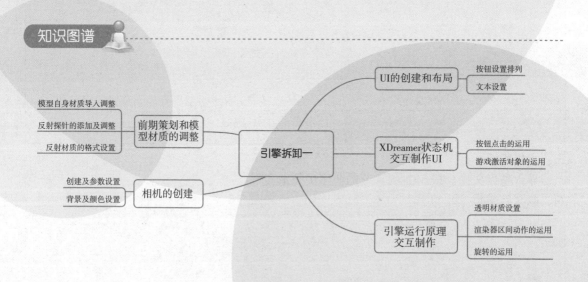

为了顺利完成本项目的核心任务——创建一个引擎拆卸的互动展示，学生必须满足以下几个关键学习要求。首先，从项目规划与初期准备来看，学生应该掌握基础的设计与策划方法，能够有条理地设计交互流程，并负责相关资源的整理和准备，如素材的采集和所需工具的设置。其次，在技术实施阶段，学生应熟练掌握 Unity 3D 环境的场景搭建与整合，以确保视觉元素和交互组件在统一平台上能够协同工作。此外，对于交互设计，学生需要熟练使用 XDreamer 工具，能够将其与前期准备的资源和场景相融合，实现设计好的交互效果。最后，在项目完结阶段，学生应具备项目发布和基础测试的能力，以确保目标用户能获得良好的体验。综合以上各项学习要求，学生将有能力全面掌握项目从规划到实施再到发布的全过程，成功完成一个高质量的引擎拆卸展示。

学习目标

- 熟练应用 XDreamer 平台的高级交互功能
- 熟练掌握渲染器区间动作及平移绕物相机的用法
- 巩固按钮点击、游戏对象激活、旋转的知识点，并达到能综合应用的水平

素养提升

本项目通过 XDreamer 平台的高级交互、渲染器区间动作和平移绕物相机的应用，巩固按钮点击、游戏对象激活、旋转等前期介绍过的知识点，帮助学生达到能综合应用这些技术的水平。同时，本项目通过实际操作和应用，如渲染器区间动作和平移绕物相机，培养学生的国家观念和对科技创新的国家意识。本项目还注重规则和公平竞争，要求学生遵守社会公德和职业道德，并通过按钮点击和游戏对象激活等方式，强调诚实守信和公道办事。

实训设备

为进行 Unity 3D 相关的项目开发，需要准备以下两个资源：一台已经安装了 Unity 3D 的计算机；一套游戏 3D 模型。

6.1　前期策划和模型材质的调整

本项目需要实现一个引擎的拆卸展示。整个项目涉及图 6-1 所示的几个步骤，这也是一个项目从策划制作到发布的完整过程。

前期策划和模型
材质的调整

图 6-1 项目步骤

本项目要实现的是一个引擎的 UI 交互展示，这里我们设计了一个主 UI 和 3 个二级 UI。项目主 UI 如图 6-2 所示。

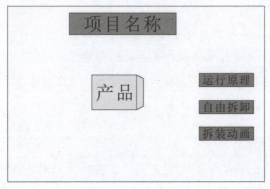

图 6-2 项目主 UI

二级运行原理 UI 如图 6-3 所示。

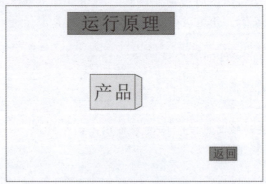

图 6-3 二级运行原理 UI

二级自由拆卸 UI 如图 6-4 所示。

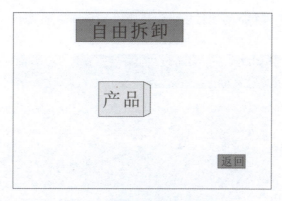

图 6-4　二级自由拆卸 UI 页面

二级拆装动画 UI 如图 6-5 所示。

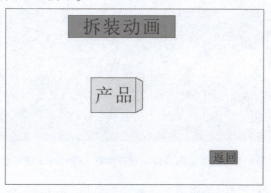

图 6-5　二级拆装动画 UI 页面

方案设计好了以后，就需要准备基本资源包，本项目所需资源如图 6-6 所示。

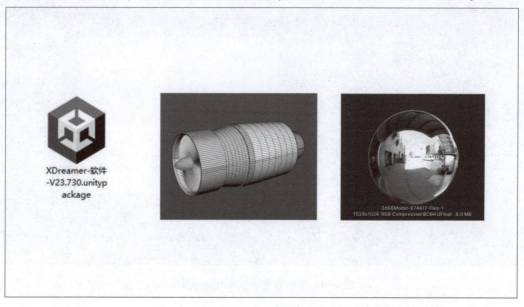

图 6-6　本项目所需资源

在 Unity 3D 中创建一个空的项目场景，并加载 XDreamer 资源包，如图 6-7 所示。

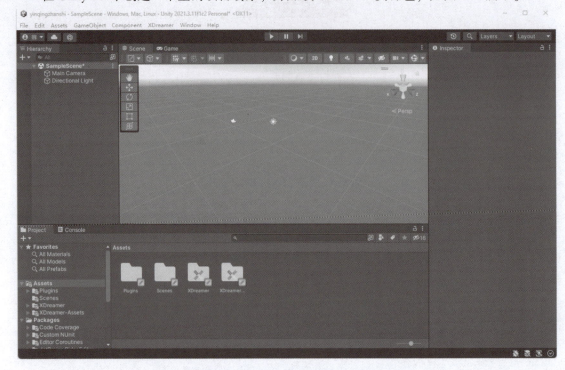

图 6-7　创建空的项目场景并加载 XDreamer 资源包

将准备好的项目资源包拖曳到场景中，如图 6-8 所示。

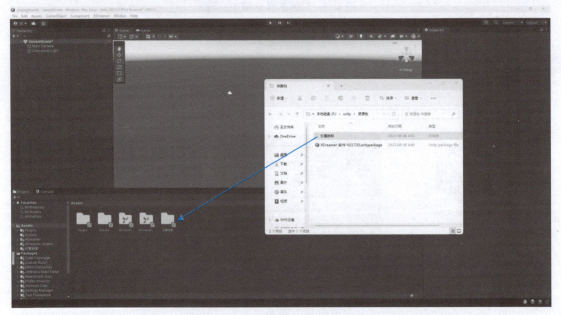

图 6-8　将项目资源包拖曳到场景中

将其重命名并另存到场景文件中，如图 6-9 所示。

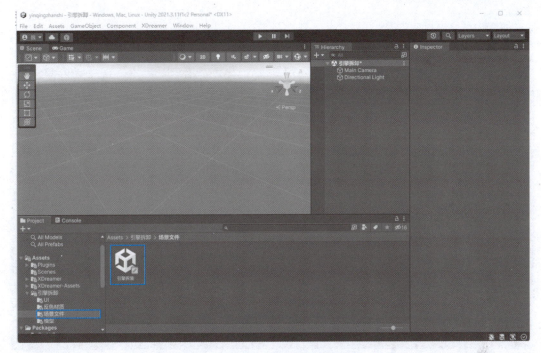

图 6-9　重命名并另存到场景文件中

选择模型文件，在右侧的 Inspector 窗口中，将 Location 设置为 Use External Material，单击 Apply 按钮，将模型里的材质提取到文件中，如图 6-10 所示。

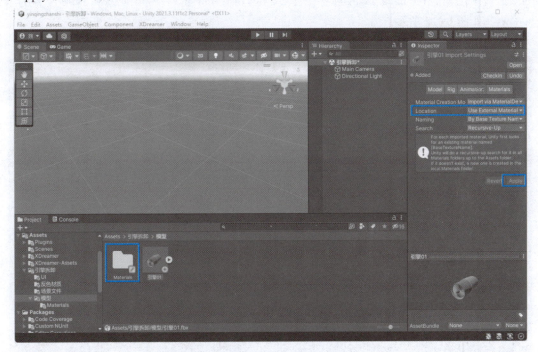

图 6-10　将模型里的材质提取到文件中

将模型拖曳到 Hierarchy 窗口中，按住〈Shift〉键全选材质，在右侧的 Inspector 窗口中调整其材质高光，让材质显示出光泽度，如图 6-11 所示。

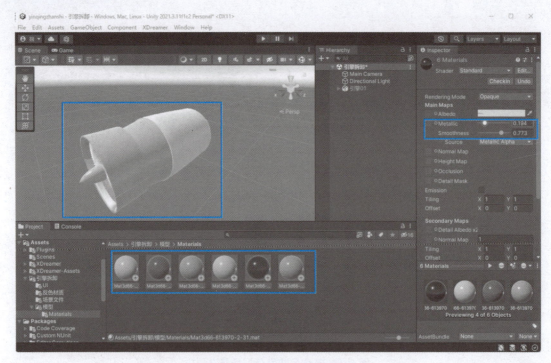

图 6-11 调整模型材质高光

继续调整材质，有时候阴影会影响展示的效果，这里把灯光里面的阴影去掉。在 Hierarchy 窗口中选择 Directional Light 选项，在右侧的 Inspector 窗口中将 Shadow Type 设置为 No Shadows，如图 6-12 所示。

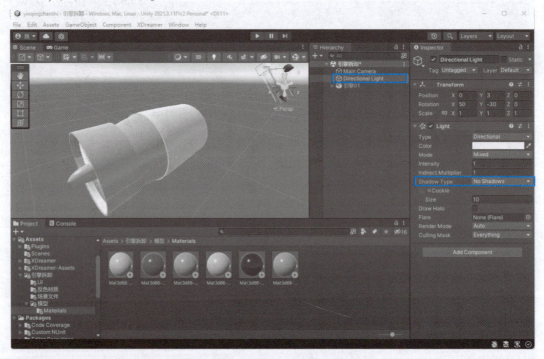

图 6-12 去掉灯光里面的阴影

在这里，我们发现材质反射的高光效果不太好，需要给它添加一个反射探针。在菜单栏中选择 GameObject 菜单 Light 子菜单中的 Reflection Probe 命令，并在 Box Size 中调整立方体的大小，如图 6-13 所示。

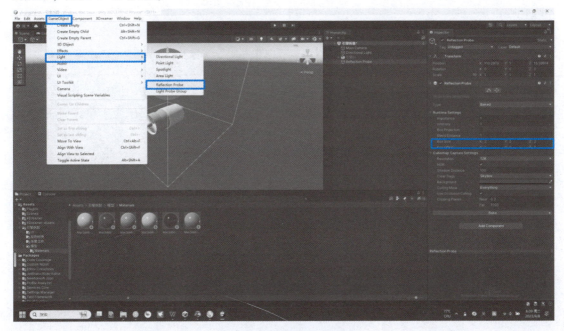

图 6-13　添加反射探针

3D 模型（引擎）的材质自带的高光的反射效果不太好，这里需要给它添加一张反射贴图，在 Inspector 窗口的 Type 右侧的下拉列表框中选择 Custom 选项，如图 6-14 所示。

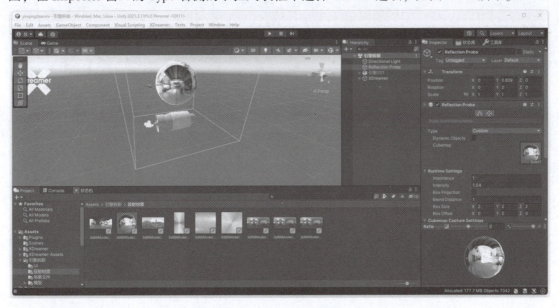

图 6-14　添加反射贴图

把反射材质贴图拖曳到 Cubemap 中。需要注意的是，一定要将反射贴图的属性设置为 Cube 模式，否则不能匹配。在"反射材质"下选择一张贴图，在右侧的 Inspector 窗口的 Texture Shape 右侧的下拉列表框中选择 Cube 选项，然后单击下面的 Apply 按钮，如图 6-15 所示。

图 6-15　设置贴图的格式

下面将转变格式后的贴图拖曳到反射探针贴图中，并调整 Intensity 参数，如图 6-16 所示。

图 6-16　添加反射探针贴图并调整参数

6.2 UI 的创建和布局

下面介绍 UI 的创建。在 Hierarchy 窗口中任意位置右击，在弹出的快捷菜单中选择 UI→Panel 命令，创建一个 UI，如图 6-17 所示。

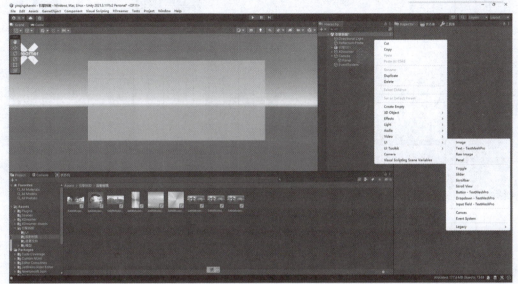

图 6-17　创建 UI

进入 UI，在 Inspector 窗口中修改其名称为"主页"。取消勾选 Image 复选框和 Raycast Target 复选框，如图 6-18 所示。

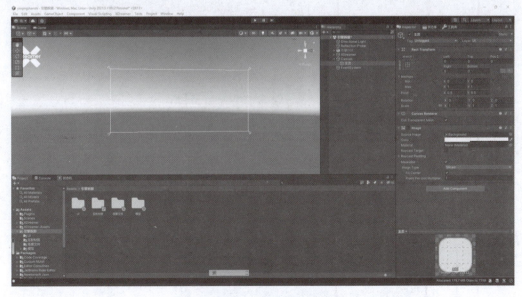

图 6-18　设置 UI 页面

在 Hierarchy 窗口中选择"主页"，右击，在弹出的快捷菜单中选择 UI→Legacy→Button 命令，创建一个按钮，如图 6-19 所示。

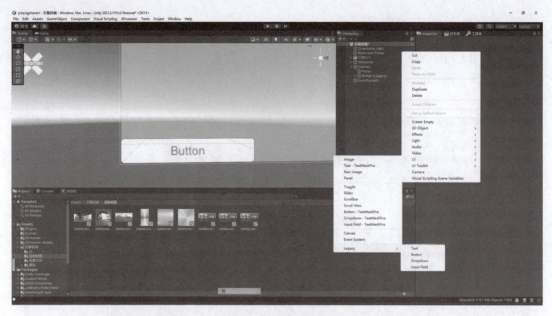

图 6-19　创建按钮

在 Inspector 窗口中修改其名称为"运行原理"，将按钮尺寸调整为"200"和"40"，将对齐方式设置为右居中，如图 6-20 所示。

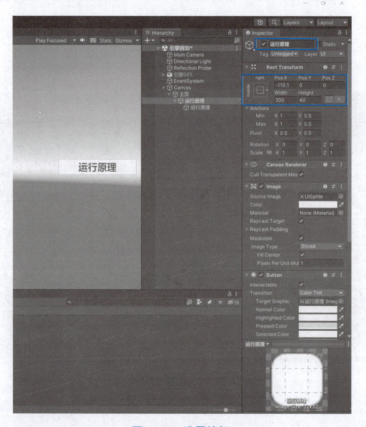

图 6-20　设置按钮

按〈Ctrl+D〉组合键复制两个按钮，调整其参数和位置，如图6-21所示。

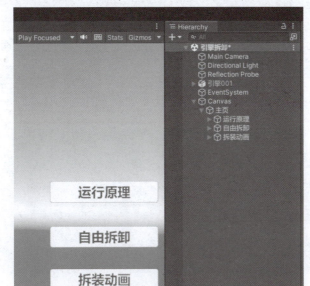

图6-21　复制按钮并调整其参数和位置

在Hierarchy窗口内右击，添加文本，然后调整其位置和参数，如图6-22所示。

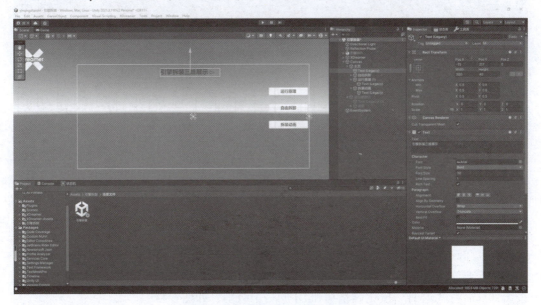

图6-22　调整文本位置和参数

在Hierarchy窗口中选中"主页"，按〈Ctrl+D〉组合键复制一个主页，隐藏原主页，将复制主页的名称修改为"运行原理UI"，如图6-23所示。

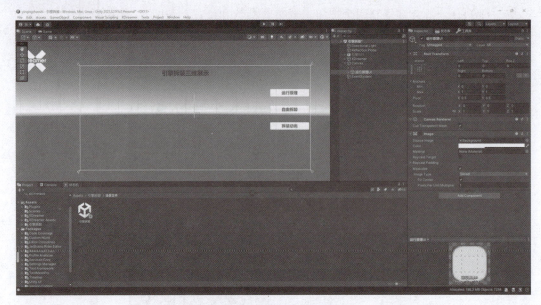

图 6-23　设置复制页面

展开"运行原理 UI"，根据设计的二级 UI 要求，去掉多余的两个按钮，将最后一个按钮的名称修改为"返回"，并调整其位置，将 UI 文本调整为"引擎运行原理"，如图 6-24 所示。

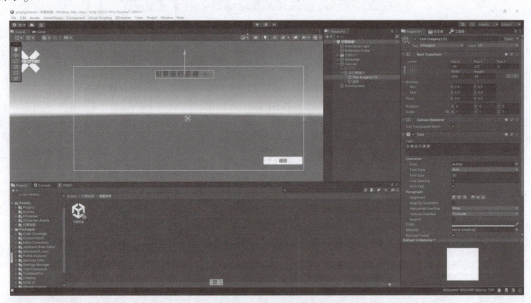

图 6-24　调整"运行原理 UI"参数

这里需要注意的是，因为二级 UI 中都有一个"返回"按钮，所以这里可以直接共用一个按钮，只需将"返回"按钮调整到和 UI 同一个级别，如图 6-25 所示。

在 Hierarchy 窗口中选择"运行原理 UI"，按〈Ctrl+D〉组合键复制一个页面，将原页面隐藏，将复制页面的名称修改为"自由拆卸 UI"，将页面内的文字修改为"自由拆卸"，如图 6-26 所示。

图 6-25 调整"返回"按钮的级别

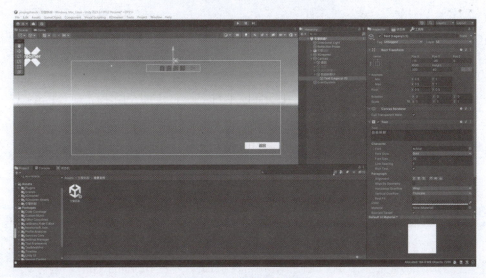

图 6-26 设置复制页面

按〈Ctrl+D〉组合键复制一个文本，将其名称修改为"提示信息"，并调整其大小和位置，输入提示的文本信息，如图 6-27 所示。

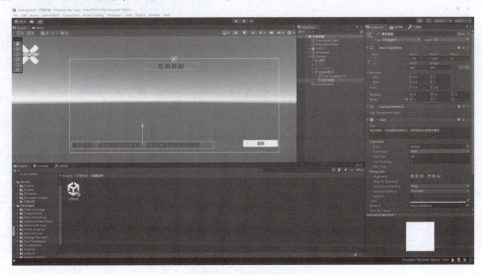

图 6-27 调整"自由拆卸 UI"文本

在 Hierarchy 窗口中选择"自由拆卸 UI",按〈Ctrl+D〉组合键复制一个页面,将原页面隐藏,将复制页面的名称修改为"拆装动画 UI",将页面内的文字修改为"引擎拆装动画",如图 6-28 所示。

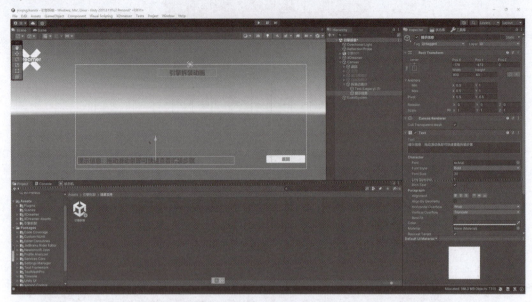

图 6-28　调整"自由拆卸 UI"文本

6.3　相机的创建

下面要用到 XDreamer 平移绕物相机。在场景中添加 XDreamer,在菜单栏中选择 XDreamer 菜单下的"创建 XDreamer"命令,在 Hierarchy 窗口中就会出现 XDreamer,如图 6-29 所示。

相机的创建

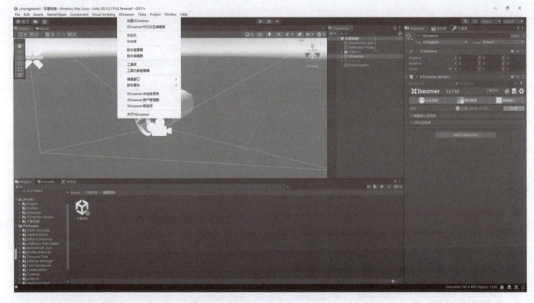

图 6-29　创建 XDreamer

　　添加 XDreamer 后，就可以将"状态库""状态机""工具库"窗口显示出来，以后的交互就在这里实现。选中右侧的"工具库"→"相机"→"平移绕物相机"选项，即可创建平移绕物相机，如图 6-30 所示。

图 6-30　创建平移绕物相机

双击平移绕物相机，打开 Inspector 窗口，如图 6-31 所示。

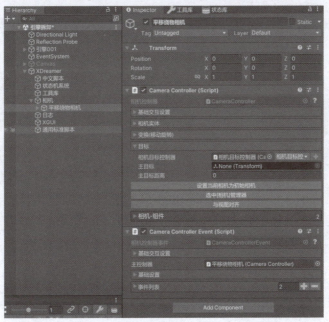

图 6-31　平移绕物相机的 Inspector 窗口

在场景中调整好模型视图的视角，单击 Inspector 窗口中的"与视图对齐"按钮，即可调整好相机的视角。将 Hierarchy 窗口中的"引擎 001"模型添加到平移绕物相机 Inspector 窗口的"主目标"中，如图 6-32 所示。

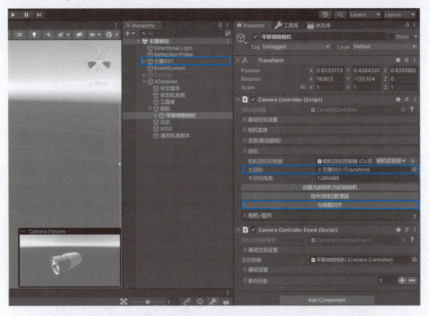

图 6-32　添加平移绕物相机

下面设置旋转和移动的参数。展开 Inspector 窗口中的"变换（移动旋转）"栏，勾选"移动"和"旋转"栏下的"使用阻尼"复选框，这样在运行程序时，移动和旋转就会比较连贯。将"移动"栏的"X""Y""Z"值调整为"2"，将"旋转"栏的"X""Y""Z"值调整为"20"，如图 6-33 所示。

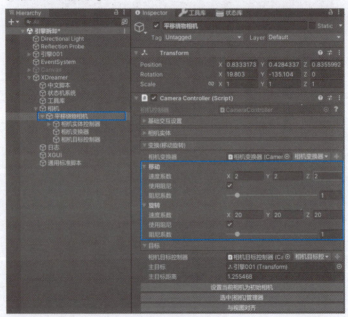

图 6-33　设置平移绕物相机

有时候，我们会觉得这个默认的背景效果不太好。这里可以通过平移绕物相机来修改背景的颜色和添加背景贴图。在 Hierarchy 窗口中展开"平移绕物相机"栏，选择"相机实体控制器"选项，在右侧的 Inspector 窗口中选择"相机-组件"栏下的"相机背景幕布"选项，然后选择"图像背景幕布（推荐）"选项，此时背景就变成白色了，如图 6-34 所示。

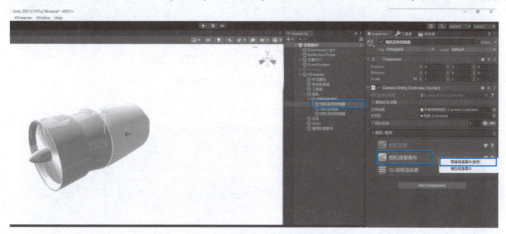

图 6-34　通过平移绕物相机添加幕布

继续在 Hierarchy 窗口中展开"相机实体控制器"栏，可以看到添加了一个"相机"；继续将其展开，可以看到下面有 Canvas 选项；再继续展开，可以看到有 Raw Image 选项。在右侧的 Inspector 窗口的 Texture 中可以添加背景图片，在 Color 中可以调整背景颜色，默认是白色。添加的背景图片如图 6-35 所示。

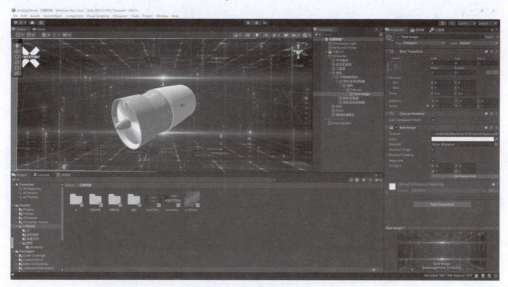

图 6-35　添加的背景图片

6.4　XDreamer 状态机交互制作 UI

进入"状态机"窗口，单击"新建"按钮 ▣，新建一个总的逻辑控制器，如图 6-36 所示。

XDreamer 状态机交互
制作 UI

图 6-36 创建总的逻辑控制器

继续创建状态控制器来控制各个 UI，如图 6-37 所示。

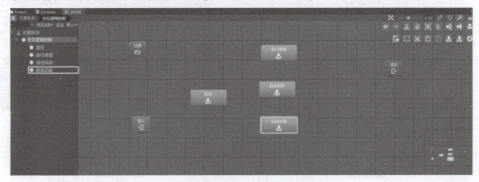

图 6-37 创建 UI 控制器

双击首页控制器，打开"状态库"窗口，选择"常用"下的"按钮点击"选项，创建按钮点击控制器，如图 6-38 所示。

图 6-38 创建按钮点击控制器

双击按钮点击控制器，打开 Inspector 窗口，将"名称"修改为"运行原理"。将 Hierarchy 窗口中的"运行原理"模型拖曳到 Inspector 窗口的"按钮"中，如图 6-39 所示。

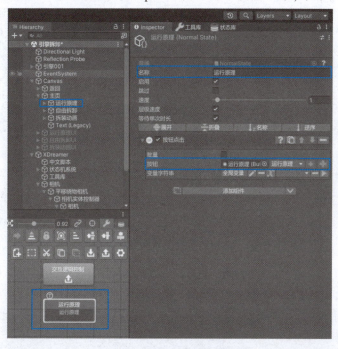

图 6-39　设置按钮点击控制器

下面进行连接设置。这里选择"进入"连接，然后在连接交互逻辑控制器的时候选择"运行原理"选项，这样就能实现单击"运行原理"按钮，进入二级"运行原理 UI"的效果，如图 6-40 所示。

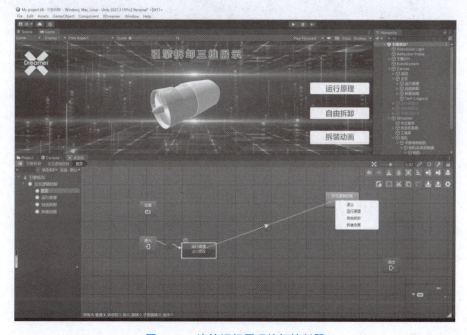

图 6-40　连接运行原理按钮控制器

返回上一级,可以看到首页控制器和运行原理控制器已经连接起来了,如图6-41所示。

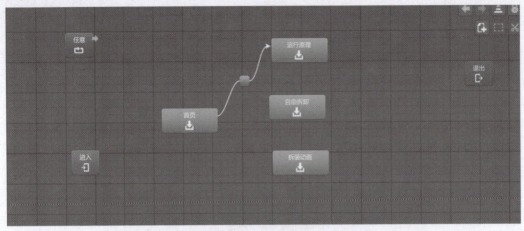

图6-41 连接首页控制器和运行原理控制器

双击首页控制器,打开"状态库"窗口,选择"常用"下的"游戏对象激活"选项,创建游戏对象激活控制器,如图6-42所示,这里游戏对象激活的功能就是显示首页。

图6-42 创建游戏对象激活控制器

双击游戏对象激活控制器,在右侧的Inspector窗口中将"名称"修改为"首页激活控制",将Hierarchy窗口中的"主页"模型拖曳到Inspector窗口的"批量处理对象"中。将"游戏对象激活"下的"进入激活"设置为"是","退出激活"设置为"否",如图

6-43 所示。

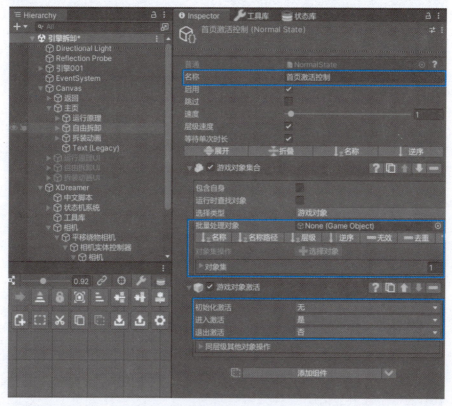

图 6-43　设置游戏对象激活控制器

连接控制器，如图 6-44 所示。

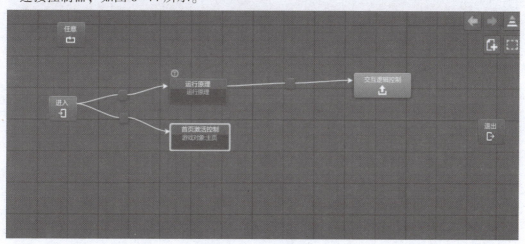

图 6-44　连接控制器

　　我们需要的结果是显示"运行原理""自由拆卸""拆装动画"主页，并隐藏"返回"的 UI，应该怎么做呢？同样需要用到游戏对象激活控制器来实现。创建一个游戏对象激活控制器，修改其名称为"二级页面共用返回 UI"并调整其参数，将"游戏对象激活"下的"进入激活"设置为"否"，"退出激活"设置为"是"，如图 6-45 所示。

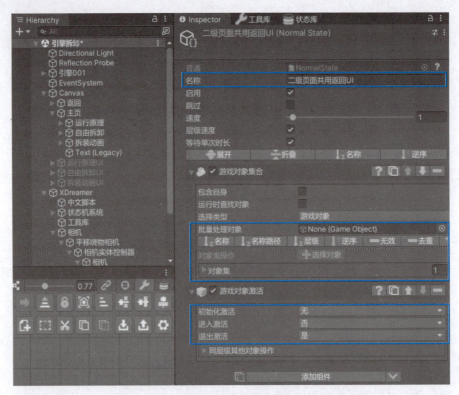

图 6-45　设置二级页面共用返回 UI 控制器

连接控制器，如图 6-46 所示。

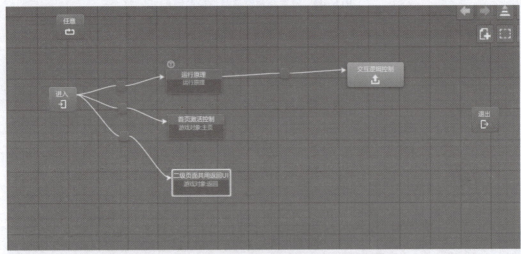

图 6-46　连接控制器

在 Game 窗口运行程序，可以发现，此时能实现我们需要的显示方式。当然，会发现"返回"按钮还没有效果，这是因为我们还没有对它进行交互设置。接下来对它进行交互设置。双击运行原理控制器，在右侧的"状态库"窗口中选择"常用"下的"按钮点击"选项，创建按钮点击控制器，并调整其参数，如图 6-47 所示。

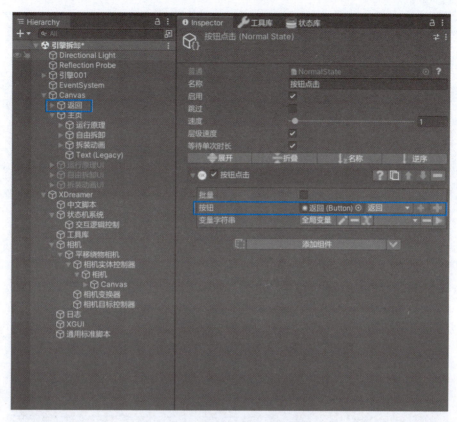

图 6-47　设置按钮点击控制器

连接按钮点击控制器，连接的时候选择"首页"选项，如图 6-48 所示。

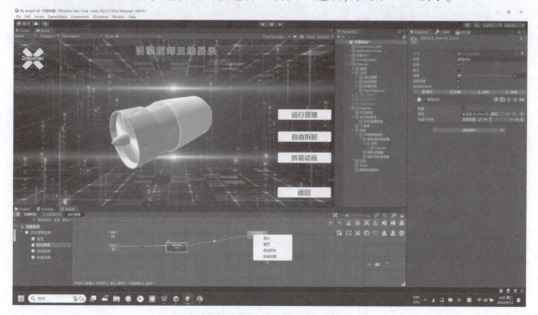

图 6-48　连接按钮点击控制器

返回交互逻辑控制器内，可以发现控制器已经双向连接了，如图 6-49 所示。

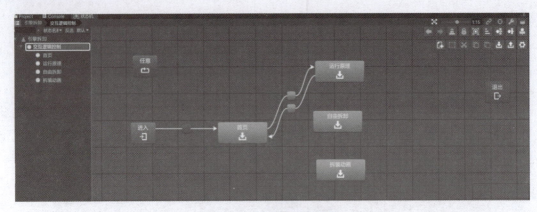

图6-49 控制器双向连接

双击运行原理控制器，在右侧的"状态库"窗口中选择"常用"下的"游戏对象激活"选项，创建游戏对象激活控制器。双击新创建的游戏对象激活控制器，在右侧的Inspector窗口中将"名称"修改为"显示运行原理UI"，将Hierarchy窗口中的"运行原理UI"模型拖曳到Inspector窗口的"批量处理对象"中，调整"游戏对象激活"下的"进入激活"为"是"，"退出激活"为"否"，如图6-50所示。

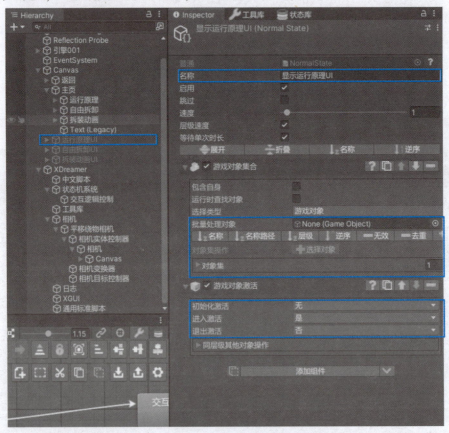

图6-50 设置显示运行原理UI控制器

此时在Game窗口中运行程序，就会发现"返回"按钮已经生效。下面实现"自由拆卸"和"拆装动画"两个按钮的UI交互。回到"状态机"窗口，在主页控制器里复制运行原理控制器，将其重命名为"自由拆卸"并重新设置其参数，如图 6-51 所示。

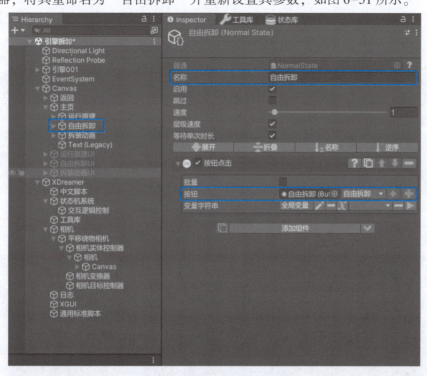

图 6-51 设置自由拆卸控制器

复制运行原理控制器，将其重命名为"拆装动画"并重新调整其参数，如图 6-52 所示。

图 6-52 设置拆装动画控制器

连接修改后的控制器，如图 6-53 所示。

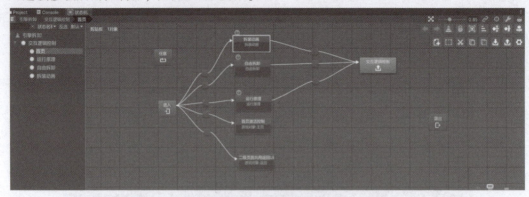

图 6-53　连接修改后的控制器

回到交互逻辑控制器内，可以看到控制器的连接情况，如图 6-54 所示。

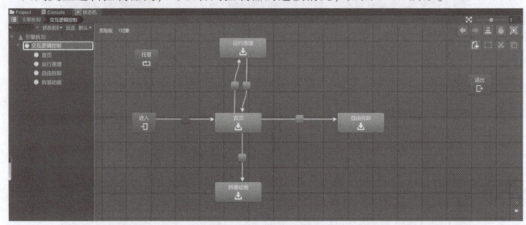

图 6-54　交互逻辑控制器连接

接下来将运行原理控制器里的按钮点击控制器复制到自由拆卸控制器里，因为控制共用一个"返回"按钮，所以这里不用调整参数，只是在连接交互逻辑控制器的时候选择"首页"选项，如图 6-55 所示。

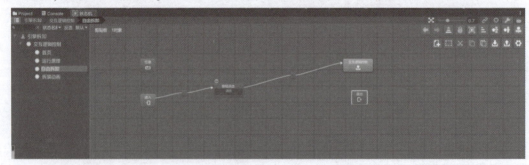

图 6-55　连接自由拆卸内返回控制器

在右侧的"状态库"窗口中选择"常用"下的"游戏对象激活"选项，创建游戏对象激活控制器。双击该控制器，在右侧的 Inspector 窗口中将"名称"修改为"显示自由拆卸UI"，将 Hierarchy 窗口中的"自由拆卸 UI"模型拖曳到 Inspector 窗口的"批量处理对象"

中，调整"游戏对象激活"下的"进入激活"为"是"，"退出激活"为"否"，如图 6-56 所示。

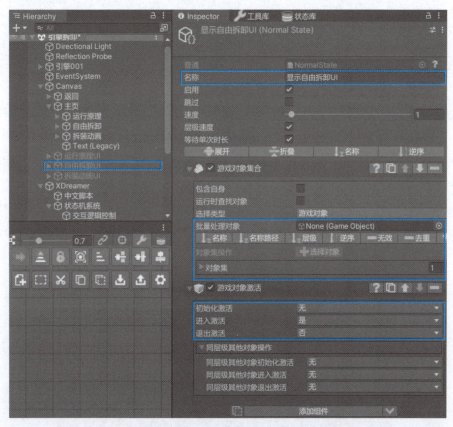

图 6-56　设置显示自由拆卸 UI 控制器

连接自由拆卸内控制器，如图 6-57 所示。

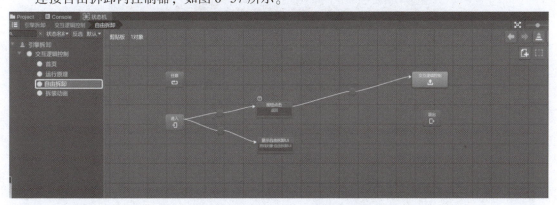

图 6-57　连接自由拆卸内控制器

继续将运行原理控制器里的按钮点击控制器复制到拆装动画控制器里，因为控制共用一个"返回"按钮，所以这里不用调整参数，只是在连接交互逻辑控制器的时候选择"首页"选项，如图 6-58 所示。

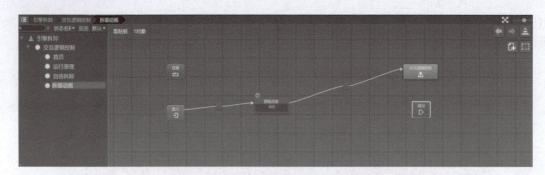

图 6-58　连接拆装动画内返回控制器

在右侧的"状态库"窗口中选择"常用"下的"游戏对象激活"选项，创建游戏对象激活控制器。双击该控制器，在右侧的 Inspector 窗口中将"名称"修改为"显示拆装动画 UI"，将 Hierarchy 窗口中的"拆装动画 UI"模型拖曳到 Inspector 窗口的"批量处理对象"中，调整"游戏对象激活"下的"进入激活"为"是"，"退出激活"为"否"，如图 6-59 所示。

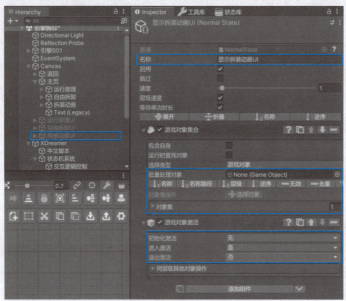

图 6-59　设置显示拆装动画 UI 控制器

连接拆装动画内控制器，如图 6-60 所示。

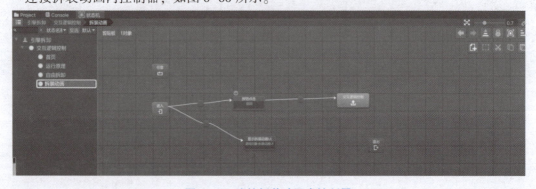

图 6-60　连接拆装动画内控制器

返回交互逻辑控制器内，可以看到最终的控制器连接效果，如图 6-61 所示。

图 6-61　交互逻辑控制器内最终的控制器连接效果

6.5　引擎运行原理交互制作

前面已经介绍了 UI 的交互和"返回"按钮的制作，下面介绍"运行原理"按钮实现的功能。这里要实现的是单击"运行原理"按钮，跳转到运行原理页面时，让引擎的上半部分外壳透明，内部的转子转动。这个功能仍然是在"状态机"窗口里面实现。

引擎运行原理交互制作

进入"状态机"窗口，双击运行原理控制器。要使引擎的上半部分外壳透明，这里需要用到渲染器区间动作。在右侧的"状态库"窗口中选择"SMS-动作"下的"渲染器区间动作"选项，创建渲染器区间动作控制器，如图 6-62 所示。

图 6-62　创建渲染器区间动作控制器

双击新创建的渲染器区间动作控制器，打开 Inspector 窗口。将"名称"修改为"透明材质"，将 Hierarchy 窗口中的 A001～A0013 模型拖曳到 Inspector 窗口的"批量处理对象"中，如图 6-63 所示。

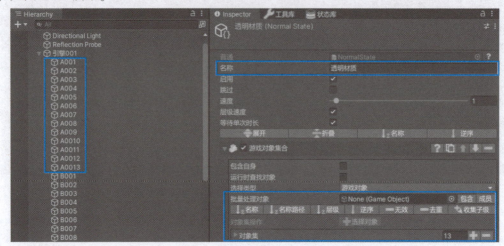

图 6-63　设置渲染器区间动作控制器 1

继续调整参数，将"时间区间"后一位调整为"0.1"，也就是单击"运行原理"按钮进入时立刻显示；将"进入时"调整为"是"，相当于进去就调整材质；将"区间左"调整为"否"；将"区间内"调整为"无"；将"区间右"调整为"无"；将"退出时"调整为"否"，相当于还原材质；将"操作类型"调整为"材质"；将"进入时材质值"调整为"1"，如图 6-64 所示。

图 6-64　设置渲染器区间动作控制器 2

下面添加一个透明材质，这里我们进入 Project 窗口，找到"模型"并展开，选择 Materials 选项并在其面板中右击，在弹出的快捷菜单中选择 Create 菜单下的 Material 命令，创建材质球，并将其重命名为"透明材质"，如图 6-65 所示。

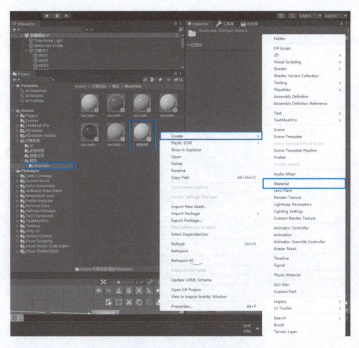

图 6-65　创建透明材质球

单击新创建的透明材质球，在右侧的 Inspector 窗口中调整 Rendering Mode 为 Fade；调整 Albedo 颜色，并调整 A 通道的值为"71"，使材质透明，调整 Metallic 和 Smoothness 值，如图 6-66 所示。

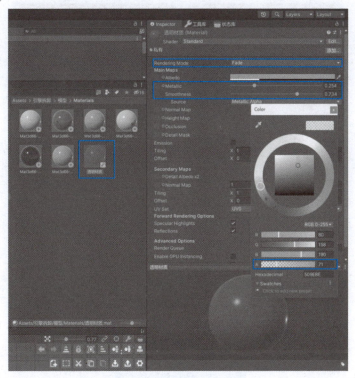

图 6-66　设置透明材质球

接下来将调整好的透明材质球赋予前面创建的透明材质控制器，如图 6-67 所示。

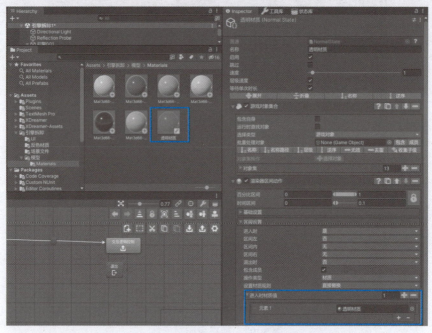

图 6-67　将透明材质球赋予透明材质控制器

下面实现引擎的转动。还是在运行原理控制器内，在右侧的"状态库"窗口中选择"SMS-动作"下的"旋转"选项，创建旋转控制器，如图 6-68 所示。

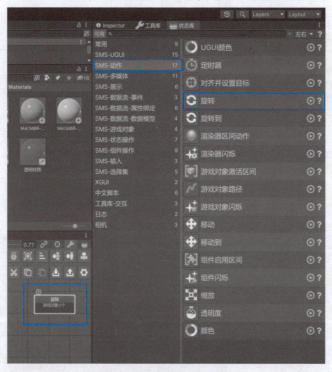

图 6-68　创建旋转控制器

双击新建的旋转控制器，打开 Inspector 窗口，将 Hierarchy 窗口中的 B002、B003、B006、B008 模型拖曳到 Inspector 窗口的"批量处理对象"中。"时间区间"保持默认就可以了，将"循环类型"调整为"循环"，将"旋转规则"调整为"本地"，将"值"后的"Z"调整为"360"，如图 6-69 所示。

图 6-69 设置旋转控制器 1

继续按相同方法创建一个旋转控制器，将 Hierarchy 窗口中的 B001、B004、B005 模型拖曳到 Inspector 窗口的"批量处理对象"中，"时间区间"同样保持默认，将"循环类型"调整为"循环"，将"旋转规则"调整为"本地"，将"值"后的"X"调整为"360"，如图 6-70 所示。

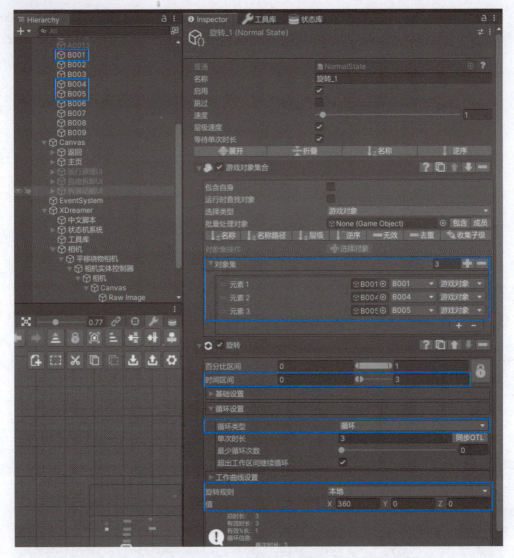

图 6-70　设置旋转控制器参数 2

　　至此，有的同学可能会问，都是同一个方向的旋转，为什么需要用两个旋转控制器来控制这个旋转的动画呢？这是因为每个模型的坐标不一样，它旋转的轴向也不一样，所以这里需要两个旋转控制器来控制，也许有的地方还需要更多的旋转控制器来控制。当然，这里引擎的旋转只是作为教学演示，真实的引擎比这个还要复杂，各转子旋转的速度也会有较大的差异，具体就不详述了。

课后作业：

虚拟现实应用开发

项目六　引擎拆卸一

班级：＿＿＿＿＿＿＿＿＿

姓名：＿＿＿＿＿＿＿＿＿

＿＿＿＿＿＿＿＿＿学院

作业要求：

阅读项目六所有课程资料，按照项目步骤和流程逐一上机练习。在练习过程中熟悉各个操作流程，熟悉透明材质的设置方法，掌握渲染器区间动作的运用，熟悉按钮点击、游戏对象激活、旋转的综合运用。多动手、多实践，做到熟能生巧，举一反三，实现多种交互功能。

一、选择题

1. 本项目用到了以下哪一个相机？（　　　）

A. 平移绕物相机　　　　　　　　　B. 行走相机

C. 飞行相机　　　　　　　　　　　D. 跟随相机

2. 材质实现高级的反射高光效果用到了以下哪个选项？（　　　）

A. Point Light　　　　　　　　　　B. Spotlight

C. Arealight　　　　　　　　　　　D. Reflection Probe

3. 透明材质的变换用到了以下哪个选项？（　　　）

A. 渲染器区间动作　　　　　　　　B. 旋转

C. 移动　　　　　　　　　　　　　D. 游戏对象激活

4. 引擎的旋转用到了以下哪个选项？（　　　）

A. 旋转　　　　　　　　　　　　　B. 移动

C. 旋转到　　　　　　　　　　　　D. 缩放

二、简答题

简述场景中平移绕物相机的创建过程。

三、上机实训

导入项目文件，按6.1~6.4节的顺序步骤来实现。

四、收获与感想

项目七

引擎拆卸二

项目简介

本项目是项目六的延续，主要由引擎自由拆卸交互制作、引擎拆装动画交互制作、引擎3D标签制作、引擎UI风格调整和跨平台发布5个关键模块构成。其中，引擎自由拆卸交互制作模块通过使用相机视图平面拖拽工具和碰撞体实现引擎模型的自由拆卸，引擎拆装动画交互制作模块路径编辑器和时间轴播放器创建拆装动画，引擎3D标签制作模块添加如"引擎转子"和"引擎外壳"的3D标签来提供额外信息，引擎UI风格调整模块通过优化界面设计并增加引擎的简介，跨平台发布模块具有很高的实用和推广价值。综合运用多种前端技术和多个交互设计元素，展示虚拟现实在工程教育和培训领域的巨大潜力。

知识图谱

- 相机视图平面拖拽工具
- 游戏对象激活
- 碰撞体添加 —— 引擎自由拆卸交互制作
- 可抓取对象

- 静态批注
- 起点/终点批注文字设置 —— 引擎3D标签制作

引擎拆卸二

- 引擎拆装动画交互制作
  - 路径编辑器
  - 时间轴播放器
  - 时间轴播放内容

- 引擎UI风格调整
  - 替换UI图片并进行类型转换
  - 背景和文字调整

- 跨平台发布
  - PC端添加退出关闭键
  - PC端平台的转换
  - 安卓端UI分辨率设置

学习要求

为完成本项目，学生需要满足多项学习要求。首先，学生应具备基础的虚拟现实和前端开发知识，以及对引擎结构和功能的初步了解。本项目包括5个核心模块：引擎自由拆卸交互制作、引擎拆装动画交互制作、引擎3D标签制作、引擎UI风格调整和跨平台发布。这要求学生不仅要分模块进行深入学习，还要掌握各模块的实现原理和技术应用。具体来说，学生需要熟悉如相机视图平面拖拽工具、碰撞体、游戏对象路径和时间轴播放器等关键工具或库的使用方法。在引擎 3D 标签制作模块中，除添加标签外，学生还应能有效处理和展示如"引擎转子"和"引擎外壳"等额外信息。在引擎 UI 风格调整模块中，学生应具备基础的 UI/UX 设计能力，以优化项目的视觉和用户体验。同时，本项目需要适配到 PC 端和安卓端，因此跨平台的适应性也是必要的。

学习目标

- 熟练应用 XDreamer 平台的高级交互功能
- 掌握相机视图平面拖拽工具、路径编辑器、时间轴播放器等工具的用法
- 能独立完成时间轴播放内容、静态批注的应用
- 能灵活应用碰撞体添加方法，可抓取对象、游戏对象激活等工具

素养提升

首先，在处理和展示诸如"引擎转子"和"引擎外壳"等额外信息时，学生应增强国家观念和国情观念，了解这些技术在国家工业和经济发展中的关键地位。其次，引擎 UI 风格的调整和用户体验的优化过程中要求学生遵守社会公德和职业道德，诚实守信、公道办事。再次，通过本项目中的多个工具，如相机视图平面拖拽工具、碰撞体等的使用，可以培养学生科学的思维方法和创新的工作方法。最后，在项目的跨平台发布环节，学生需要展示开放和包容的人文素养，这不仅满足技术需求，也是全面素质教育的体现。

实训设备

为进行 Unity 3D 相关项目的开发，需要准备以下两个资源：一台已经安装了 Unity 3D 的计算机；一套游戏 3D 模型。

7.1　引擎自由拆卸交互制作

引擎拆卸需要用到相机视图平面拖拽工具。在"工具库"窗口中选择"工具库–选择集"下的"相机视图平面拖拽工具"选项，即可在 Hierarchy 窗口的"工具库"模型下创建"一键拖拽工具"，如图 7–1 所示。

引擎自由拆卸交互制作

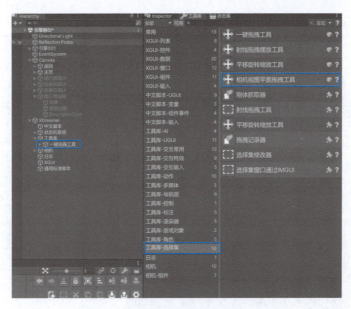

图 7-1　创建相机视图平面拖拽工具

下面给模型添加一个碰撞体。在 Hierarchy 窗口中全选引擎模型下的所有模型，在菜单栏中选择 Component 菜单 Physics 子菜单下的 Mesh Collider 命令，添加引擎模型碰撞体，如图 7-2 所示。

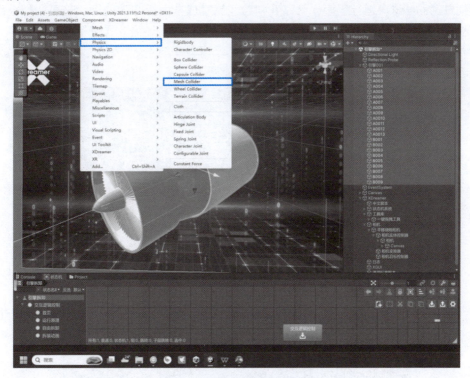

图 7-2　添加引擎模型碰撞体

此时在 Game 窗口运行程序，就会发现这个拆卸的功能还没实现，这里还需要给引擎模型添加一个可抓取对象。在"工具库"窗口中选择"常用"下的"可抓取对象"选项，然后选择"【添加组件】到选中游戏对象上"选项，如图7-3所示。

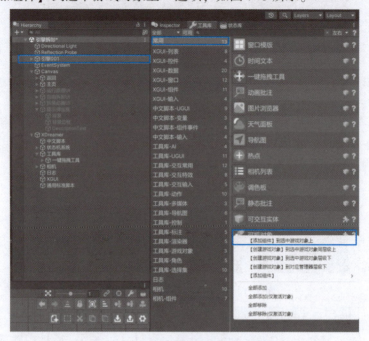

图7-3 为引擎模型添加可抓取对象

此时在Game窗口运行程序，可以看到已经能实现自由拆卸功能了。这里我们会发现是直接在主UI而不是二级"自由拆卸"UI实现拆卸的，因此还需要再进行调整。

双击自由拆卸控制器，在右侧的"状态库"窗口中选择"常用"下的"游戏对象激活"选项，创建游戏对象激活控制器，如图7-4所示。

图7-4 创建游戏对象激活控制器

双击新建的游戏对象激活控制器，打开 Inspector 窗口。将 Hierarchy 窗口"工具库"模型下的"一键拖拽工具"拖曳到 Inspector 窗口的"批量处理对象"中，并将"初始化激活"设置为"无"，"进入激活"设置为"是"，"退出激活"设置为"否"，如图 7-5 所示。

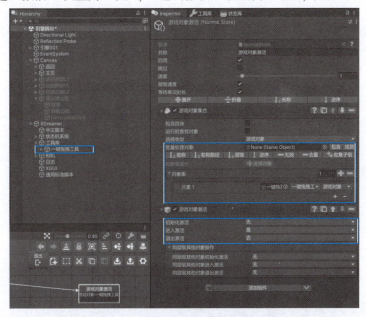

图 7-5　设置游戏对象激活控制器

此时在 Game 窗口运行程序，发现在主 UI 中能自由拖动模型，进入"自由拆卸"UI 也能拖动模型，但再返回主 UI 就不能拖动模型了。解决这个问题的方式有两种：其一，在主 UI 中添加游戏激活对象控制器，设置"一键拖拽工具"模型的激活方式；其二，在 Inspector 窗口中取消勾选"一键拖拽工具"复选框。这里我们选择第二种方式，如图 7-6 所示。

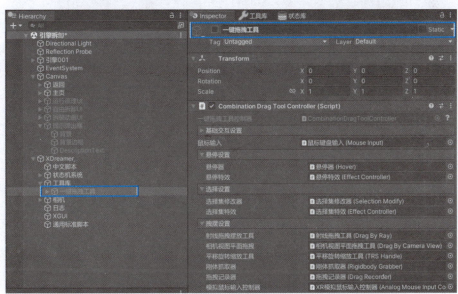

图 7-6　取消勾选"一键拖拽工具"复选框

7.2 引擎拆装动画交互制作

进入拆装动画状态机，在右侧的"状态库"窗口中选择"SMS-动作"下的"游戏对象路径"选项，创建游戏对象路径控制器，如图7-7所示。

图7-7 创建游戏对象路径控制器

双击新建的游戏对象路径控制器，在右侧的Inspector窗口中单击"路径编辑器"按钮，打开路径编辑器，如图7-8所示。

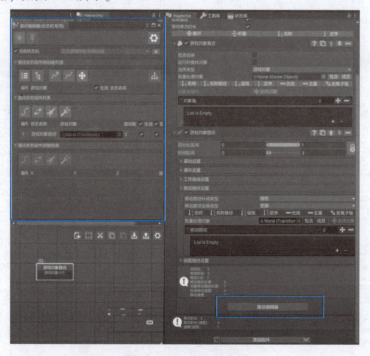

图7-8 打开路径编辑器

　　把游戏对象路径控制器删除，添加时间轴。在 Hierarchy 窗口中选择 XDreamer，在右侧的 Inspector 窗口的"插件管理"下勾选"时间轴"复选框，添加时间轴，如图 7-9 所示。

图 7-9　添加时间轴

　　进入拆装动画状态机，在右侧的"状态库"窗口中选择"时间轴"下的"时间轴播放内容"和"时间轴播放器"选项，创建时间轴播放内容控制器和时间轴播放器控制器，如图 7-10 所示。

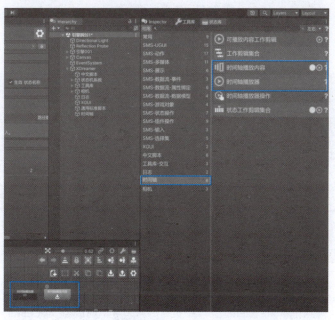

图 7-10　创建时间轴播放内容控制器和时间轴播放器控制器

　　双击新建的时间轴播放内容控制器，在 Hierarchy 窗口中选择 A001～B008，然后单击"路径状态组件待创建列表"栏右下方的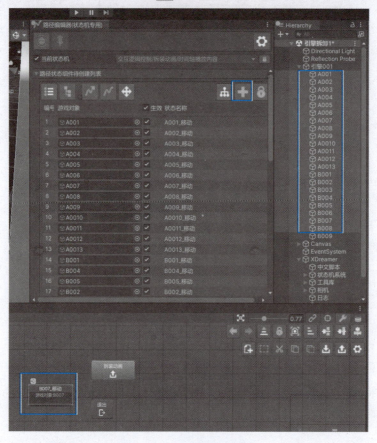按钮，创建移动控制器，如图 7-11 所示。

图 7-11　创建移动控制器

　　在"状态机"窗口中将刚创建的各模型组件移动控制器进行简单排列，如图 7-12 所示。

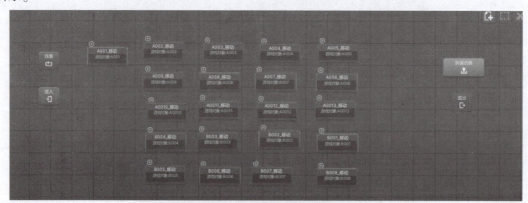

图 7-12　简单排列各模型组件移动控制器

　　注意，在设置动画前，将 Scene 窗口中的 图标 分别调整为 Center 和 Global。

　　双击 A001_移动控制器，在右侧的 Inspector 窗口中将"空间规则"调整为"世界"，其他的移动控制器进行同样调整，如图 7-13 所示。

图 7-13　调整各模型组件移动控制器的坐标

选择 A001_移动控制器，单击路径编辑器里面的"录制"按钮，场景的左上角就会出现"路径编辑器录制中"字样，在场景中移动模型到一定位置，制作路径动画，如图 7-14 所示。

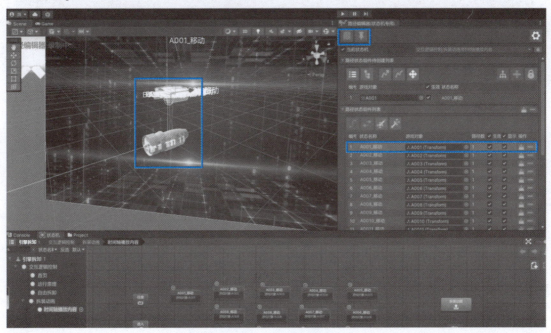

图 7-14　制作路径动画

单击"记录关键点"按钮，记录关键点，单击"开始录制"按钮可以停止记录。

场景中会出现 1 和 2 的标识点，以记录模型移动的起点和终点，如图 7-15 所示。

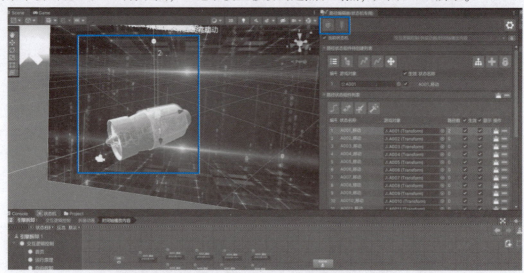

图 7-15　记录关键点

"路径状态组件详细信息"栏中会显示 A001 模型的移动信息，如图 7-16 所示。

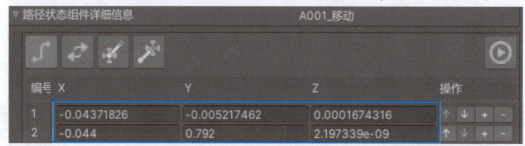

图 7-16　A001 模型的移动信息

对其他模型重复上述操作，记录全部模型的移动路径，并将其按顺序连接，如图 7-17 所示。

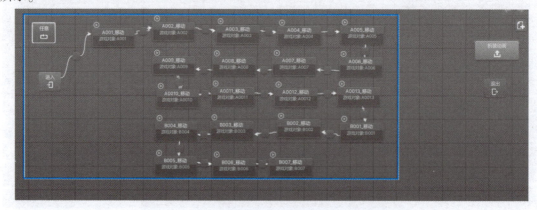

图 7-17　记录全部模型的移动路径并按顺序连接

回到拆装动画状态机，双击时间轴播放器控制器，在右侧的 Inspector 窗口中关联"时间轴播放内容"，此时就能播放刚才创建的动画了，如图 7-18 所示。

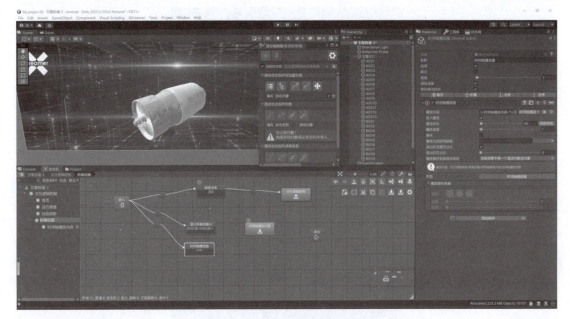

图7-18　关联播放器播放内容

在时间轴播放器的Inspector窗口中，有一个"时间轴播放器"按钮，单击它，就可以在游戏场景中创建一个滑动的时间轴，如图7-19所示。

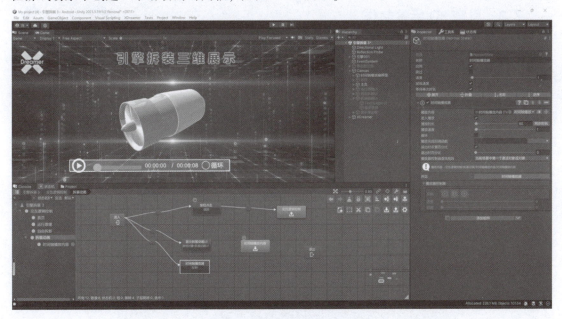

图7-19　创建滑动的时间轴

在Hierarchy窗口中将刚才创建的时间轴播放器界面拖动到"拆装动画UI"中，这样在运行程序的时候就不会在主UI显示了。需要注意的是，在Game窗口运行程序的时候，单击"返回"按钮后，模型是分散的，因此需要在时间轴播放器的Inspector窗口中将"退出时百分比"调整为"0"，如图7-20所示。

图 7-20　调整"退出时百分比"

7.3　引擎 3D 标签制作

引擎 3D 标签制作

本节将介绍 3D 标签的制作方法。在"工具库"窗口中选择"工具库-标注"下的"静态批注"选项，在 Hierarchy 窗口的"工具库"模型下创建"静态批注组"和"批注-3D"模型，如图 7-21 所示。

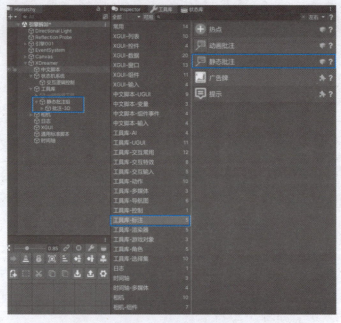

图 7-21　创建 3D 标签

Scene 窗口中的场景如图 7-22 所示。

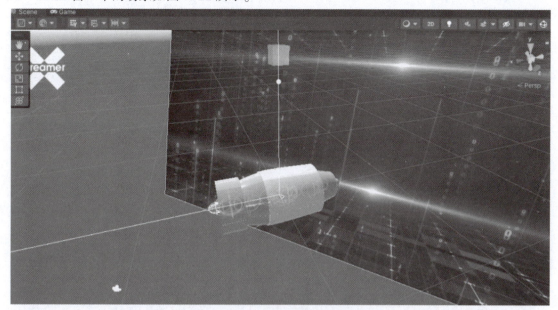

图 7-22　Scene 窗口中的场景

在 Hierarchy 窗口中选择"批注-3D"选项，在右侧的 Inspector 窗口中将"被批注对象"调整为 B005，将"批注显示目标点"调整到 Scene 窗口中一个合适的位置，并在"UI 对象"中添加"批注文字（Rect Transform）"选项，如图 7-23 所示。

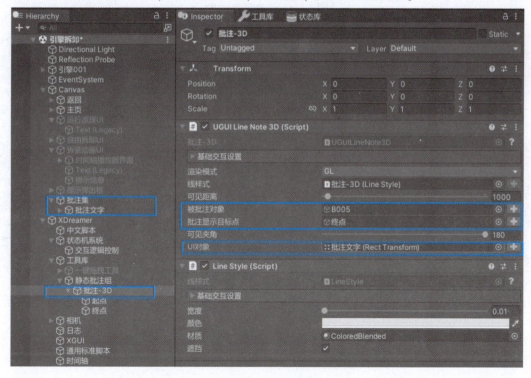

图 7-23　设置批注

在 Hierarchy 窗口中，将"批注集"下的批注文字修改为"引擎转子"，如图 7-24 所示。

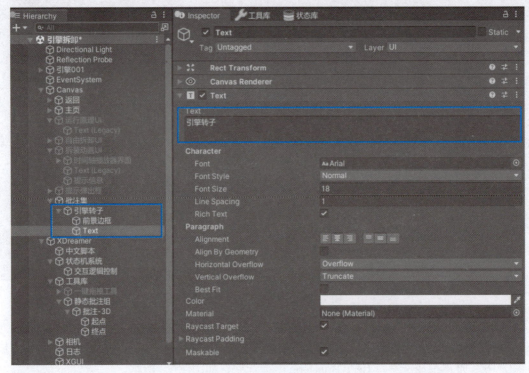

图 7-24　修改批注文字

创建一个静态批注，并调整起点位置，修改批注文字为"引擎外壳"，如图 7-25 所示。

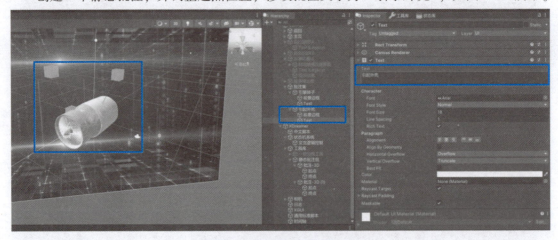

图 7-25　创建并修改静态批注

此时在 Game 窗口运行程序，可以发现这个批注直接出现在了主 UI 中。我们需要将其放到"运行原理 UI"。在 Hierarchy 窗口中将"批注集"和"静态批注组"放到"运行原理 UI"下，然后运行程序，3D 标签的最终效果如图 7-26 所示。

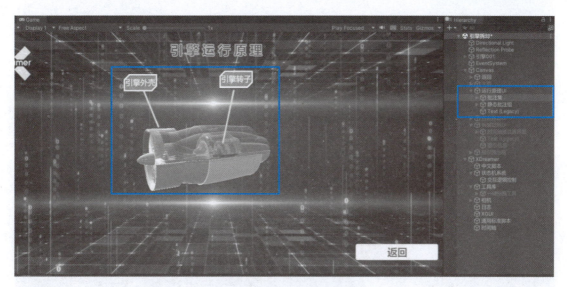

图 7-26　3D 标签的最终效果

7.4　引擎 UI 风格调整

打开项目文件，在 Hierarchy 窗口中找到"运行原理 UI"模型，在 Inspector 窗口中将其显示出来。这里需要给"运行原理 UI"添加一个显示对话框，作为引擎的简介。选中"运行原理 UI"模型，右击，在弹出的快捷菜单中选择 UI→Image 命令，创建简介页面，如图 7-27 所示。

引擎 UI 风格调整

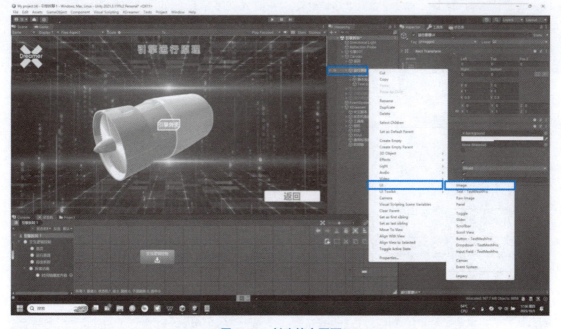

图 7-27　创建简介页面

在 Inspector 窗口中调整简介页面的大小和位置，如图 7-28 所示。

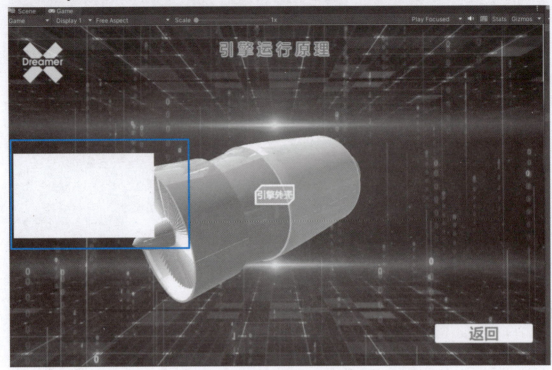

图 7-28　调整简介页面的大小和位置

在 Hierarchy 窗口中选择刚才创建的简介页面，右击，在弹出的快捷菜单中选择 UI 菜单 Legacy 子菜单下的 Text 命令，添加文本组件，并输入文字信息，如图 7-29 所示。

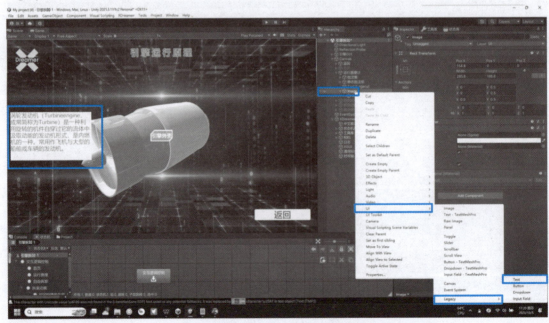

图 7-29　为简介页面添加文字信息

下面需要把 UI 调整一下，让创建的 UI 更加漂亮。找到 Project 窗口"引擎拆装"下的 UI 选项，按住〈Shift〉键选中所有 UI 文件，在右侧的 Inspector 窗口中将 Texture Type 调整为 Sprite（2D and UI），然后单击 Apply 按钮，如图 7-30 所示。

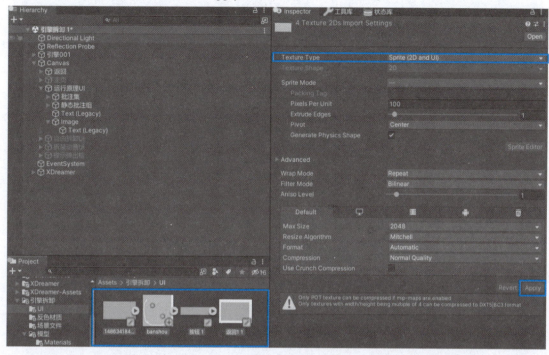

图 7-30　调整 UI

此时 Project 窗口中的 UI 图片的右边就会多出一个播放按钮，这个时候就可以替换默认的 UI 图片了，如图 7-31 所示。

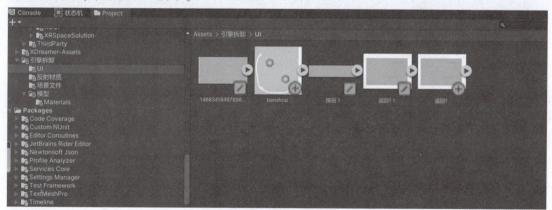

图 7-31　修改 Project 窗口中的 UI 图片的属性

在 Hierarchy 窗口中选中 Image 选项，将 Project 窗口中的 UI 图片拖曳到右侧的 Inspector 窗口的 Source Image 中，调整背景的颜色和大小，同时调整文字颜色，如图 7-32 所示。

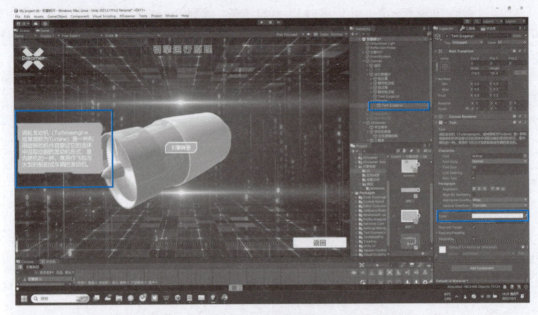

图7-32　调整背景和文字

用同样的方式，对 UI 内的其他按钮进行调整，如图 7-33 所示。

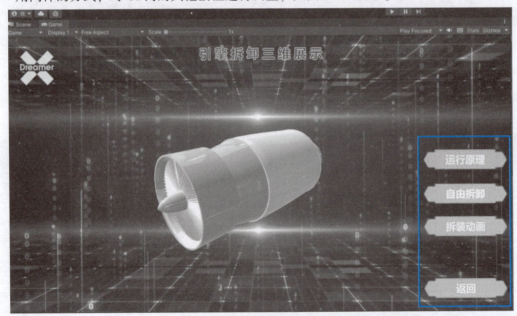

图7-33　调整其他按钮

7.5　跨平台发布

下面介绍打包发布的方法。需要给项目做一个退出功能，其实这个功能在上一个项目中就已经介绍过了，这里再介绍一下。双击首页控制器，进入右侧的"状态库"窗口，选择"常用"下的"输入键码"选项，创建输入键码控制器，如图 7-34 所示。

跨平台发布

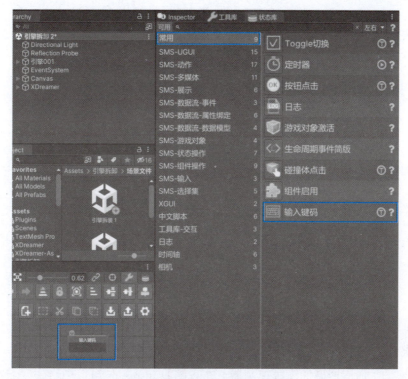

图 7-34　创建输入键码控制器

　　双击新建的输入键码控制器，在右侧的 Inspector 窗口中修改"名称"为"ESC 退出关闭"，单击"键码"右侧的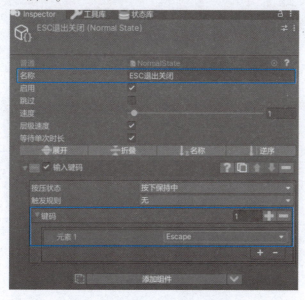按钮，添加"元素 1"，并在其右侧的下拉列表框中选择 Escape 选项，如图 7-35 所示。

图 7-35　设置输入键码控制器

　　选择"状态库"窗口中"常用"下的"生命周期事件简版"选项，创建生命周期事件简版控制器，如图 7-36 所示。

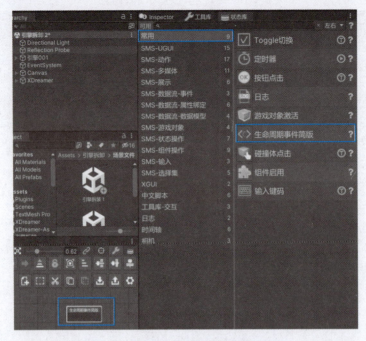

图 7-36　创建生命周期事件简版控制器

　　双击新建的生命周期事件简版控制器，在右侧的 Inspector 窗口中修改"名称"为"退出程序"，单击"脚本事件函数集合"栏下"进入"右侧的◢按钮，如图 7-37 所示，在弹出的"脚本查看器"对话框中单击"关闭程序"按钮。

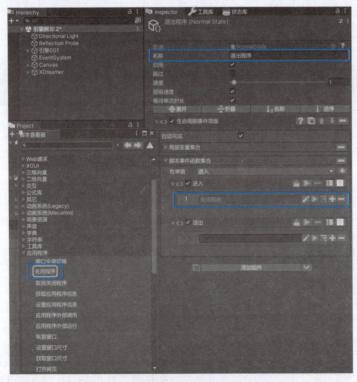

图 7-37　设置生命周期事件简版控制器

连接控制器，如图 7-38 所示，即可实现按〈Esc〉键退出程序。

图 7-38　连接控制器

接下来进行 PC 端的打包发布，在菜单栏中选择 File 菜单中的 Build Settings 命令，如图 7-39 所示。

图 7-39　选择 Build Settings 命令

系统将打开 Build Settings 对话框，如图 7-40 所示，选择 Windows，Mac，Linux 选项。

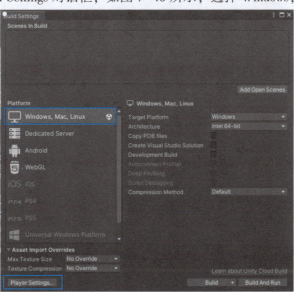

图 7-40　Build Settings 对话框

单击 Player Settings 按钮，弹出 Project Settings 对话框，在对话框中可以修改文件的出品公司、项目文件的名称，以及默认的图标和鼠标的图标，还可以调整是否需要加载 Unity 3D 的 Logo 等。这里把项目文件名称修改为"引擎拆卸"，其他保持默认就可以了，如图 7-41 所示。

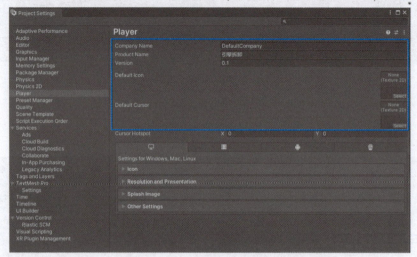

图 7-41　设置项目参数

项目参数设置好后，单击"关闭"按钮关闭 Project Settings 对话框，返回 Build Settings 对话框，单击 Build 按钮，会弹出 Build Windows 对话框，设置保存项目文件的位置，这里新建一个文件夹"引擎拆卸"，如图 7-42 所示。

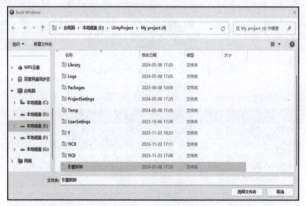

图 7-42　保存项目文件

单击"选择文件夹"按钮，就开始打包文件了，打包好的文件即 PC 端最终项目文件如图 7-43 所示。

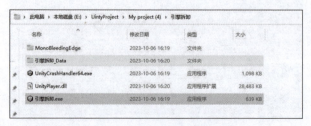

图 7-43　PC 端最终项目文件

接下来在安卓端打包发布文件。这里首先需要把 UI 的缩放修改为自适应。在 Hierarchy 窗口中选中 Canvas，在右侧 Inspector 窗口 UI Scale Mode 右侧下拉列表框中选择 Scale With Screen Size 选项，如图 7-44 所示。

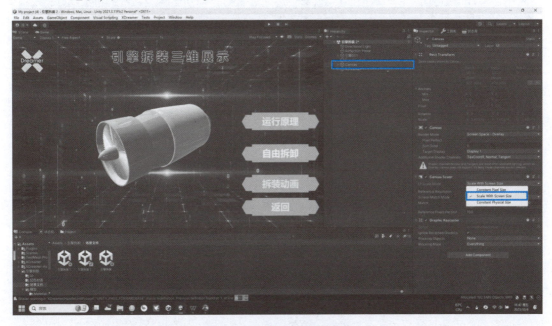

图 7-44　安卓端 UI 屏幕设置

在菜单栏中选择 File 菜单中的 Build Settings 命令，弹出 Build Settings 对话框，选择 Android 选项，然后单击 Switch Platform 按钮，如图 7-45 所示。

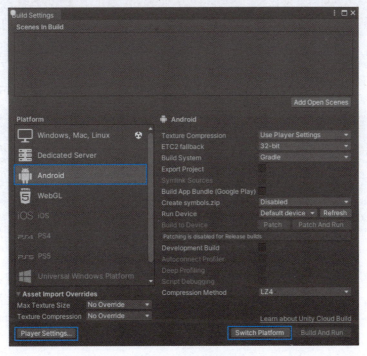

图 7-45　安卓端设置

单击 Player Settings 按钮，弹出 Project Settings 对话框，如图 7-46 所示。

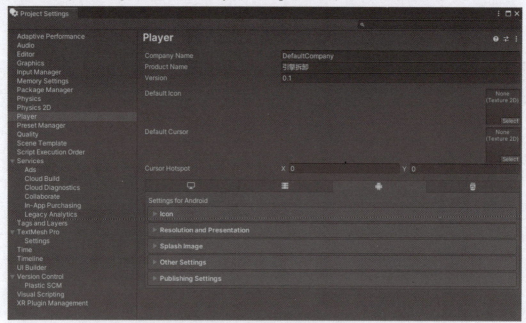

图 7-46 Project Settings 对话框

注意，这里需要设置 Other Settings 中的 Package Name，如版本号等，如图 7-47 所示。

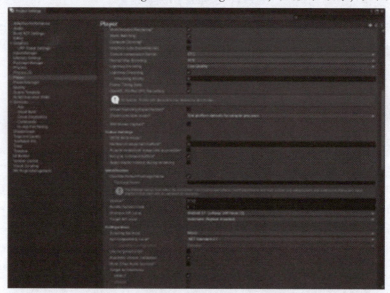

图 7-47 对话框设置

项目参数设置好后，单击"关闭"按钮，关闭 Project Settings 对话框，返回 Build Settings 对话框，单击 Build 按钮弹出 Build Android 对话框，在该对话框中设置保存项目文件的位置，新建一个文件夹，最好以字母命名，避免文件出错，再给项目文件添加一个名称，如图 7-48 所示。

图 7-48　项目文件设置

单击"保存"按钮，等待文件打包输出，打包好的文件即安卓端最终项目文件如图7-49 所示。

图 7-49　安卓端最终项目文件

此时就可以把这个文件发到安卓系统的手机上，安装后就可以运行了。

至此，本书所有的项目课程就结束了。

课后作业：

虚拟现实应用开发

项目七　引擎拆卸二

班级：＿＿＿＿＿＿＿＿＿

姓名：＿＿＿＿＿＿＿＿＿

＿＿＿＿＿＿＿＿＿学院

作业要求：

阅读项目七所有课程资料，按照项目步骤和流程逐一上机练习。在练习过程中熟悉各个操作流程，掌握相机视图平面拖拽工具、路径编辑器、时间轴播放器、时间轴播放内容、静态批注的运用，更加熟练地搭配按钮点击和游戏对象激活的综合运用，以及一个完整项目从企划、设计、制作到发布的过程。

一、选择题

1. 本项目中的自由拆卸用到了以下哪个选项？（　　）

A. 相机视图平面拖拽工具　　　　　　B. 一键拖拽工具

C. 平移旋转缩放工具　　　　　　　　D. 射线拖拽摆放工具

2. 本项目中拆卸动画时没有用到以下哪个选项？（　　）

A. 路径编辑器　　　　　　　　　　　B. 时间轴播放器

C. 时间轴播放内容　　　　　　　　　D. 可抓取对象

3. 本项目中将安卓端发布的 Canvas 模式调为以下哪个选项？（　　）

A. Constat Pixel　　　　　　　　　　B. Scale Width Screen Size

C. Constant Physical Size　　　　　　D. Scale Pixel Size

二、简答题

简述退出关闭快捷键的设置方法。

三、上机实训

导入项目文件，按 7.1~7.5 节的顺序步骤来实现。

四、收获与感想

参 考 文 献

［1］石卉，何玲，黄颖翠. VR/AR 应用开发（Unity 3D）［M］. 北京：清华大学出版社，2022.

［2］JONATHAN LINOWES. Augmented Reality with Unity AR Foundation［M］. Birmingham：Packt Publishing，2020.

［3］赵建军，郭晓峰，李晓娟. 虚拟现实——理论、技术、开发与应用［M］. 北京：清华大学出版社，2019.

［4］刘鹏，刘鹏飞，张晓东. 虚拟现实技术基础教程［M］. 2 版. 北京：清华大学出版社，2016.

［5］AURÉLIEN GÉRON. Hands-on Machine Learning with Scikit-Learn，Keras，and TensorFlow：Concepts，Tools，and Techniques to Build Intelligent Systems［M］. San Francisco：O'Reilly Media，2019.

［6］WILLIAM R. SHERMAN，ALAN B. C. Understanding Virtual Reality：Interface，Application，and Design［M］. San Mateo：Morgan Kaufmann，2018.

［7］STEVEN M. LAVALLE. Virtual Reality［M］. Cambridge：Cambridge University Press，2016.